麻醉学问系列丛书

总主审 曾因明 邓小明
总主编 王英伟 王天龙 杨建军 王 锷

麻醉设备学

主 审 李士通
主 编 朱 涛 李金宝

Anesthesia Equipment

中国出版集团有限公司

世界图书出版公司
上海 西安 北京 广州

图书在版编目(CIP)数据

麻醉设备学 / 朱涛，李金宝主编. —上海：上海世界图书出版公司，2024.1(2024.11 重印)
（麻醉学问系列丛书 / 王英伟主编）
ISBN 978-7-5232-0549-5

Ⅰ. ①麻… Ⅱ. ①朱… ②李… Ⅲ. ①麻醉器-问题解答 Ⅳ. ①TH777-44

中国国家版本馆 CIP 数据核字(2023)第 130542 号

书　　名	麻醉设备学
	Mazui Shebeixue
主　　编	朱　涛　李金宝
责任编辑	陈寅莹
出版发行	上海世界图书出版公司
地　　址	上海市广中路 88 号 9 - 10 楼
邮　　编	200083
网　　址	http://www.wpcsh.com
经　　销	新华书店
印　　刷	杭州锦鸿数码印刷有限公司
开　　本	787mm × 1092mm　1/ 16
印　　张	13
字　　数	240 千字
版　　次	2024 年 1 月第 1 版　2024 年 11 月第 2 次印刷
书　　号	ISBN 978-7-5232-0549-5/ T · 233
定　　价	120.00 元

版权所有　翻印必究
如发现印装质量问题，请与印刷厂联系
（质检科电话：0571 - 88855633）

总主编简介

王英伟

复旦大学附属华山医院麻醉科主任，教授，博士研究生导师。

中华医学会麻醉学分会常委兼秘书长，中国医学装备协会麻醉学分会主任委员，中国神经科学学会理事兼麻醉与脑功能分会副主任委员，中国研究型医院学会麻醉学分会副主任委员，中国药理学会麻醉药理分会常务委员。

以通讯作者发表SCI论文60余篇。作为项目负责人获得国家863重点攻关课题、科技部重点专项课题，以及国家自然科学基金7项其中包括重点项目。主编《小儿麻醉学进展》《小儿麻醉学》《临床麻醉学病例解析》《神奇的麻醉世界》《麻醉学》精编速览(全国高等教育五年制临床医学专业教材)、《麻醉学》习题集(全国高等教育五年制临床医学专业教材)等专著。

王天龙

首都医科大学宣武医院麻醉手术科主任医师,教授,博士研究生导师。

中华医学会麻醉学分会候任主任委员,中华医学会麻醉学分会老年人麻醉学组组长,国家老年麻醉联盟主席,中国医师协会毕业后教育麻醉专委会副主任委员,北京医学会麻醉学分会主任委员,中国研究型医院麻醉专业委员会副主任委员,欧洲麻醉与重症学会考试委员会委员。

擅长老年麻醉、心血管麻醉和神经外科麻醉,发表 SCI 论文 90 余篇,核心期刊论文 300 余篇。领衔执笔中国老年人麻醉与围术期管理专家共识/指导意见 9 部。主译《姚氏麻醉学》第 8 版,《摩根临床麻醉学》第 6 版中文版;主编国家卫健委专培教材《儿科麻醉学》等。

杨建军

郑州大学第一附属医院麻醉与围术期医学部主任，郑州大学神经科学研究院副院长，教授，博士研究生导师。

中国精准医学学会常务理事，中国老年医学学会麻醉学分会副会长，中华医学会麻醉学分会常务委员，中国整形美容协会麻醉与围术期医学分会副会长，中国医疗保健国际交流促进会区域麻醉与疼痛医学分会副主任委员，中国医学装备协会麻醉学分会秘书长，中国中西医结合学会麻醉专业委员会常务委员，中国神经科学学会麻醉与脑功能分会常务委员，中国神经科学学会感觉与运动分会常务委员，教育部高等学校临床医学类专业教学指导委员会麻醉学专业教学指导分委员会委员，河南省医学会麻醉学分会主任委员。

主持国家自然科学基金5项。发表SCI论文280篇，其中30篇IF＞10分。主编《麻醉相关知识导读》《疼痛药物治疗学》，主审《产科输血学》，参编、参译30余部。

王 锷

一级主任医师，二级教授，博士生导师。

中南大学湘雅医院麻醉手术部主任，湖南省麻醉与围术期医学临床研究中心主任，国家重点研发计划项目首席科学家，中华医学会麻醉学分会常委，中国女医师协会麻醉学专委会副主委，中国睡眠研究会麻醉与镇痛分会副主委，中国心胸血管麻醉学会心血管麻醉分会副主委，中国超声工程协会麻醉专委会副主委，中国医师协会麻醉科医师分会委员，中国医疗器械协会麻醉与围术期医学分会常委，湖南省健康服务业协会麻醉与睡眠健康分会理事长，湖南省麻醉质控中心副主任。《中华麻醉学杂志》《临床麻醉学杂志》常务编委。

分册主编简介

朱 涛

教授，主任医师，博士生导师。

四川大学三级教授，四川大学博士生导师，中国医学科学院博士生导师。四川大学华西临床医学院/华西医院教授委员会委员，四川大学华西医院麻醉手术中心主任，海南省三亚人民医院、四川大学华西三亚医院麻醉手术中心学科主任，中华麻醉学会常委，四川省医学会麻醉专委会主任委员，四川省医师协会日间手术专委会候任会长，天府名医，四川省第十一批学术技术带头人，国家级继续医学教育项目评审专家。

担任《中华医学英文版》《中华麻醉学杂志》《临床麻醉学杂志》等杂志编委。作为首席承担国家重点研发项目1项，负责国基金课题3项，发表SCI论文70余篇。曾获国家科技进步二等奖、四川省科技进步二等奖、成都市科技进步二等奖。

李金宝

主任医师，博士生导师。

上海交通大学医学院附属第一人民医院麻醉科主任，任中国医师协会麻醉学医师分会委员，上海市医师协会麻醉科医师分会副会长，中华医学会麻醉分会危重病学组副组长，上海市麻醉学专业委员会委员兼秘书长，上海市研究型医院学会麻醉与围术期医学专业委员会主任委员，中国高等教育学会医学教育专业委员会麻醉学教育学组秘书长,中国心胸血管麻醉学会围术期器官保护学会副主任委员,中国心胸血管麻醉学会胸科麻醉分会副主任委员,中国药理学会麻醉药理专业委员会常委,中国研究型医院学会麻醉专业委员会常委,中国研究型医院学会休克与脓毒症专业委员会常委。

擅长各类疑难危重症麻醉及围术期处理。担任《中华麻醉学杂志》《临床麻醉学杂志》《国际麻醉学与复苏杂志》等杂志编委/通讯编委。以项目负责人主持国家自然科学基金面上项目4项,发表SCI收录论文100余篇,主编(译)专著5部,获国家科技进步二等奖1项、军队医疗成果二等奖2项以及上海市医学科技奖二等奖1项。

麻醉学问系列丛书

总主审

曾因明　邓小明

总主编

王英伟　王天龙　杨建军　王　锷

总主编秘书

黄燕若

分册主编

分册	主编	
麻醉解剖学	张励才	张　野
麻醉生理学	陈向东	张咏梅
麻醉药理学	王　强	郑吉建
麻醉设备学	朱　涛	李金宝
麻醉评估与技术	李　军	张加强
麻醉监测与判断	于泳浩	刘存明
神经外科麻醉	王英伟	
心胸外科麻醉	王　锷	
骨科麻醉	袁红斌	张良成
小儿麻醉	杜　溢	
老年麻醉	王天龙	
妇产科麻醉	张宗泽	
五官科麻醉	李文献	
普外泌尿麻醉	李　洪	
合并症患者麻醉	王东信	赵　璇
围术期并发症诊疗	戚思华	刘学胜
疼痛诊疗学	冯　艺	嵇富海
危重病医学	刘克玄	余剑波
麻醉治疗学	欧阳文	宋兴荣
麻醉学中外发展史	杨建军	杨立群
麻醉学与中医药	苏　帆	崔苏扬

编写人员

主 审

李士通(上海交通大学医学院附属第一人民医院)

主 编

朱　涛(四川大学华西医院)
李金宝(上海交通大学医学院附属第一人民医院)

副主编

张伟义(四川大学华西医院)
姚俊岩(上海交通大学医学院附属第一人民医院)

编 委

张晓庆(同济大学附属同济医院)
王海英(遵义医科大学附属医院)
王迎斌(兰州大学第二医院)
赵利军(山西医科大学第二医院)
陈　婵(四川大学华西医院)
雷　迁(四川省人民医院)
蒋小娟(四川大学华西医院)
苏永维(四川大学华西医院)

参编人员

李 杰　张毓文　邢艳红　张晶玉　郭　龙
王　嫣　陈　伟

主编秘书

蒋小娟（四川大学华西医院）
郭　龙（上海交通大学医学院附属第一人民医院）

总 序

我投身麻醉学专业60余年,作为中国麻醉学科从起步、发展到壮大的见证者与奋斗者,欣喜地看到70余年来,特别是近40年来,我国麻醉学专业持续不断的长足进步。新理论、新观念、新技术、新设备、新药品不断涌现,麻醉学科工作领域不断拓展,人才队伍的学历结构和整体实力不断提升,我国麻醉学事业取得了历史性成就。更令人欣慰的是,我国麻醉学领域内的后辈新秀们正在继承创新,奋斗于二级临床学科的建设,致力于学科的升级与转型,为把我国的麻醉学事业推至新的更高的平台而不懈努力。

麻醉学科的可持续发展,人才是关键,教育是根本。时代需要大量优秀的麻醉学专业人才,优秀人才的培养离不开教育,而系列的专业知识载体是教育之本。"智能之士,不学不成,不问不知"。"学"与"问"是知识增长过程中两个相辅相成、反复升华、不可缺一的重要层面。我从事麻醉学教育事业逾半个世纪,对此深有体会。

欣悉由王英伟、王天龙、杨建军、王锷教授为总主编,荟集国内近百位著名中青年麻醉学专家为主编、副主编及编委的麻醉学问丛书,历经凝心聚力的撰著终于问世。本丛书将麻醉教学中的"学"与"问"整理成册是别具一格的,且集普及与提高为一体,填补了我国麻醉学专著中的空白。此丛书由21部分册组成,涉及麻醉解剖、麻醉生理、麻醉药理和临床麻醉学各专科麻醉,以及麻醉监测、治疗等领域,涵盖了麻醉学相关的基础理论及临床实践技能等丰富内容,以问与答的形式为广大麻醉从业者开阔思路、答疑解惑。这一丛书以临床工作中常见问题为切入点，编撰时讲究文字洗练，简明扼要，便于读者记忆和掌握相关知识点，减少思维冗杂与认知负荷。

值此丛书出版之际，我对总主编、主编和编委，以及所有为本丛书问世而辛勤付出的工作人员表示衷心的感谢！感谢你们为了麻醉学事业的发展、为了麻醉学教育的进步、为了麻醉学人才的培养所做出的不懈努力！"少年辛苦终身事，莫向光阴惰寸功"，希望有更多出类拔萃、志存高远的后辈们选择麻醉学专业作为自己奋斗终生的事业，勤勉笃行、深耕不辍！而此丛书无疑是麻醉学领域传道授业解惑的经典工具书，若通读博览，必开卷有益！

（丛书总主审：曾因明）

徐州医科大学麻醉学院名誉院长、终身教授

中华医学教育终身成就专家获得者

2022 年 11 月 24 日

前 言

麻醉学是研究手术等伤害性应激背景下的基本生命功能监测、应激与内稳态调控、重要脏器保护与支持、疼痛诊疗的临床医学学科。麻醉学的发展离不开麻醉设备的创新和进步。麻醉设备学作为麻醉学的基础学科，是麻醉学与生物医学、工程学等多学科交叉融合的产物，涉及学科广、知识更新迭代迅速。特别是近年来医工结合的蓬勃发展，使得越来越多的先进技术和设备应用于临床麻醉，极大地促进了麻醉学科的发展。这些技术与设备性能先进，结构、功能复杂，其原理涉及物理化学、生物等众多基础学科以及电子、机械、材料、计算机等工科领域。安全、高效的使用和管理众多复杂的麻醉医疗设备对现代麻醉医师提出了更高的要求。一名合格的麻醉医师必须了解各类麻醉设备基本原理、结构和组成，能够读懂各类麻醉设备使用说明书，并具备按照规范和说明书正确使用设备和开展日常保养的能力。

工欲善其事，必先利其器。在学科交叉创新发展日新月异的今天，对于物理、化学等基础学科理论以及工程技术知识相对薄弱的麻醉医生而言，学好麻醉设备学有助于理解和掌握各类麻醉设备的基本结构、工作原理、适用条件，才能在临床中得心应手地应用各类设备，更加安全高效地救治患者。

基于此目的，我们编写了《麻醉学问》系列丛书之一的《麻醉设备学》，希望本书能解答麻醉医生关于麻醉设备的困惑，增进对麻醉设备的了解和认识，以满足临床工作的需求。

本书的编者都是利用临床工作之余的宝贵时间进行编写，构思和文笔难免各有不同。同时,限于编写时间仓促和经验不足,书中难免有不当之处,衷心希望各位同仁批评指正。

朱　涛　李金宝

目　录

第一章	医学仪器基础知识	1
第二章	呼吸功能监测仪器	9
第三章	循环功能监测仪器	18
第四章	麻醉深度及脑功能监测仪器	30
第五章	肌肉松弛监测仪器	38
第六章	医学气体监测仪器	46
第七章	床旁检验设备	55
第八章	超声诊断仪器	62
第九章	麻醉插管设备	72
第十章	麻醉机	83
第十一章	呼吸机	99
第十二章	医用输注设备	108

第十三章	体外辅助循环设备	119
第十四章	血液净化设备和血液回收设备	146
第十五章	围术期保温设备	152
第十六章	除颤设备	158
第十七章	麻醉信息系统	164
第十八章	人工智能	168
第十九章	疼痛诊疗设备	174
第二十章	医疗器械安全管理	182

第一章

医学仪器基础知识

1. 什么是模拟电路?

模拟电信号是指幅度随时间连续变化的信号,用来处理模拟电信号的电路称为模拟电路。

2. 医学仪器常见的模拟电路有哪些?

医学仪器中常见的模拟电路有放大电路、滤波电路、振荡电路、功率放大电路、电源电路和模数转换电路。

3. 放大电路的作用及电路构成是什么?

放大电路的作用是将采集到的微弱电信号放大,同时抑制输入的干扰信号和电路本身的噪声信号。基本的放大电路由输入信号源、晶体三极管、输出负载、直流电源和相应的偏置电路组成。医用设备的放大电路由多级电路构成,每一级承担不同的功能,现代微电子技术将这些多级电路集成在一块芯片上,构成了集成运算放大器,简称集成运放。

4. 理想差分放大器的特点是什么?

理想差分放大器的特点如下:零点漂移抑制、差模信号放大、共模信号抑制和共模抑制比。实际的差分放大器电路不可能绝对对称,因此共模放大信号不为零,故共模放大倍数也并不为零,定义共模抑制比,用来衡量放大器对有用信号的放大能力及对无用共模信号的抑制能力。

5. 什么是滤波电路?

滤波电路又称滤波器,是具有选择作用的电路或运算处理系统,具备滤除噪声和分离各种不同频率信号的功能。

6. 滤波器的分类有哪些？

常用的滤波电路有无源滤波和有源滤波两大类。若滤波电路元件仅由无源元件（电阻、电容、电感）组成，则称为无源滤波电路。无源滤波的主要形式有电容滤波、电感滤波和复式滤波（包括倒 L 型、LC 滤波、LCπ 型滤波和 RCπ 型滤波等）。若滤波电路不仅由无源元件，还由有源元件（双极型管、单极型管、集成运放）组成，则称为有源滤波电路。有源滤波的主要形式是有源 RC 滤波，也被称作电子滤波器。

7. 什么是振荡电路？

振荡电路是指在没有外部信号输入的情况下，依靠电路的自激振荡产生大小和方向周期变化的振荡电流的电路。振荡电路在医学仪器中有着广泛的应用，如用于低频生理信号的调制、被测信号与标准信号的比较、生理信号的遥控遥测、产生刺激信号干预生理过程及仪器的开机自检测试信号等。

8. 振荡电路的组成部分是什么？

振荡电路一般由四部分组成：① 放大器用以产生自激振荡；② 选频网络确定电路的振荡频率；③ 正反馈网络使放大器的输入信号等于正反馈信号，维持振荡电流的产生；④ 稳幅环节使输出信号幅度稳定。

9. 什么是功率放大电路？

为了使放大电路的输出级能够带动某种负载，如：扬声器、仪表指针、信号指示、步进电机等，要求放大电路的输出级有足够大的输出功率，能满足这种要求的电路称为功率放大电路。

10. 电源电路的分类有哪些？特点是什么？

电源电路分交流电源和直流电源，医学仪器中多采用直流电源。直流电源又称稳压电源，医学仪器中常用的稳压电源又分为线性稳压电路与开关型稳压电路，前者具有结构简单、调节方便、输出电压稳定性强的优点，缺点是自身始终消耗功率，能量转换效率低，且一般需要专门的散热装置；后者通过控制功率放大管开通和关断的时间比率，维持稳定输出电压，是医学仪器中应用最广泛的一种稳压电源。

11. 什么是模数转换电路？

模数转换电路(analog to digital，A/D)完成模拟量向数字量转换的器件称为A/D转换器，这是医学仪器数字化必需的环节。完成A/D功能的集成电子器件称为A/D转换器(analog to digital converter，ADC)，这一转换经历取样、保持、量化和编码4个阶段。

12. 什么是数字电路？

数字信号指自变量是离散的、因变量也是离散的信号，这种信号的自变量用整数表示，因变量用有限数字中的一个数字来表示。处理数字信号的电路即为数字电路。数字电路的逻辑表示方法是什么？

数字信号是一种二进制信号，用2个电平(高电平和低电平)分别来表示2个逻辑值(逻辑1和逻辑0)。数字电路有2种逻辑体制：正逻辑体制规定高电平为逻辑1，低电平为逻辑0。负逻辑体制规定低电平为逻辑1，高电平为逻辑0。

13. 数字逻辑电路的基本单元是什么？

数字逻辑电路中有门电路和触发器2种基本单元电路，它们都是以晶体管和电阻等元件组成的，以逻辑门电路为基础组成两大类数字集成电路：组合逻辑电路与时序逻辑电路。

14. 什么是逻辑门电路、常见的逻辑门电路有哪些？

在数字电路中，所谓"门"就是只能实现基本逻辑关系的电路。最基本的逻辑关系是与、或、非，最基本的逻辑门是与门、或门和非门。逻辑门可以用电阻、电容、二极管、三极管等分立原件构成，成为分立元件门。也可以将门电路的所有器件及连接导线制作在同一块半导体基片上，构成集成逻辑门电路。

15. 什么是组合逻辑电路？

组合逻辑电路在逻辑功能上的特点是任意时刻的输出仅仅取决于该时刻的输入，与电路原来的状态无关，属于数字电路的一种。

16. 什么是时序逻辑电路？

时序逻辑电路在逻辑功能上的特点是任意时刻的输出不仅取决于当时的输入信号，而且还取决于电路原来的状态，或者说，还与以前的输入有关，属于数字电路的一种。

17. 什么是传感器？
传感器是一种检测装置，能感受到被测量的信息，并能将感受到的信息按一定规律变换成为电信号或其他所需形式的信息输出，以满足信息的传输、处理、存储、显示、记录和控制等要求。

18. 什么是生物医学传感器？
生物医学传感器是将生物体的物理（化学）量转换为电（磁）信号的能量转换部件，其中电极是直接提取生物体电信号的部件。

19. 生物医学传感器分为哪几类？
生物医学传感器按照被测量的类型可分为物理传感器、化学传感器和生物传感器。

20. 什么是物理传感器？
物理传感器是指利用敏感材料的物理性质和物理效应制成的传感器。按其工作原理又分为电阻式、电容式、电感式、应变式、电热式和光电式等，分别用于测量生物体的血压、体温、血流量、血黏度以及组织对辐射的吸收等。

21. 什么是化学传感器？
化学传感器是指利用功能性膜对特定成分的选择性将被测成分筛选出来，再利用电化学装置转化为电量的传感器。常用于测量人体体液中离子的成分或浓度，如 Ca^{2+}、K^+、Na^+、Cl^- 等及 pH、氧分压和葡萄糖浓度等。

22. 什么是生物传感器？
生物传感器是指利用生物体活性物质具有的选择性识别待测化学物质的能力而制成的传感器，常用于酶、抗原、抗体、激素、DNA 和 RNA 等物质的检测。

23. 生物传感器由哪几部分组成？
生物传感器有 2 个组成部分：生物识别元件和换能元件。

24. 生物传感器的工作原理是什么？

生物传感器的工作原理是：生物识别元件与特定化学物质反应并利用换能元件将其浓度信息按比例转化为电信号。

25. 生物传感器分为哪几类？

按生物识别元件的不同生物传感器又分为酶传感器、免疫传感器、组织传感器和微生物传感器等，按换能元件的工作原理不同可分为光生物传感器、半导体生物传感器和压电生物传感器等。

26. 医学仪器可分为哪几类？

医学仪器一般可分为诊断和治疗两大类：前一类主要通过检测人体的各种信息（如体温、心电、动脉氧分压和组织密度等）进行诊断，分为在体信息检测和离体信息检测，相应的设备有心电图仪、多参数监护仪、血气分析仪和超声诊断仪等。后一类主要产生外部能量或物质并施加于人体以干预其生理过程，如呼吸机、麻醉机、输注泵、人工心肺机等。

27. 诊断设备包括哪几个部分？

诊断设备一般包括信号采集、信号预处理、信号处理、信号显示、数据存储和传输、反馈/控制和刺激/激励以及信号校准等部分。信号预处理和信号处理合称为信号处理系统。

28. 治疗设备包括哪几个部分？

治疗设备的基本组成包括控制器、操纵器、输出、监护、接口。治疗设备的输出部分产生用于治疗的能量，该能量具有多种形式，输出的能量通过接口进入生物系统内，接口可以是体内的或是体外的，具体要根据所用能量的类型来确定，用于超声治疗的压电晶体，用于心脏起搏器的电极，用于热凝结的金属纹环以及用于麻醉的呼吸回路都是接口的例子，这些接口通常都是独立的系统部件。在有些场合下，接口与患者完全不接触，例如，在射线治疗和激光手术时，能量是通过辐射传输给生物系统的。

29. 什么是生理信息采集系统？

生理信息采集系统包括被测对象、传感器或电极，是医学仪器的信号源。被测对象是仪器需要测量的生物体的物理（化学）量、特性和状态，被测对象必须要转换成电信号才能被处理、显示和记录。

30. 信号预处理的目的是什么？
由于生物医学信息换能器的输出通常具有电量幅度小、频率低的特点，极易受外界和人体自身因素干扰，因此在其被输出、分析之前必须进行预处理，目的是保证检出的信号有足够的幅值和准确性。

31. 信号预处理包括输入哪几种电路？核心部分是什么？
信号预处理包括输入过载保护、放大、滤波等电路，其中放大电路是其核心部分。

32. 常见生物电信号的幅度和频率有哪些？
① 心电：幅值为 0.1～8 mV，频率为 DC - 100 Hz；② 脑电：幅值为 5～50 μV，频率为 1～60 Hz；③ 皮质脑电：幅值为 0.01～5 mV，频率为 DC - 150 Hz；④ 肌电：幅值为 20 μV～30 mV，频率为 10～3 000 Hz；⑤ 胃电：幅值为 50 μV～2 mV，频率为 DC - 20 Hz；⑥ 视网膜电：50～200 μV，频率为 DC - 20 Hz；⑦ 眼电：幅值为 0.05～3.5 mV，频率为 DC - 50 Hz。

33. 什么是信号处理？
信号处理是将预处理完成的模拟信号（analog signals）转换成数字信号（digital signals）并送入计算机，通过软件完成运算和分析，处理完成的数据用于显示、记录、存储、传输和反馈控制。信号处理部分包括模数转换电路（analog to digital，A/D）、数字逻辑运算与储存电路。

34. 医学仪器的主要技术指标有哪些？
医学仪器的主要技术指标包括：准确度、精密度、输入阻抗、灵敏度、频率响度、信噪比、零点漂移和共模抑制比。

35. 什么是准确度？
准确度（accuracy）是衡量仪器系统误差的量值，表示测量值与理论值的偏离程度。

36. 什么是精密度？

精密度（precision）指仪器对测量结果区分程度的度量，也称重复性。

37. 什么是输入阻抗？

输入阻抗（input impedance）指输入变量（如电流、压力、流量）与相应的应变量（如电压、速度、流量）之比。由于生理信号的能量十分微弱，且生物体内阻较大，要求信号采集和前处理电路具有尽可能大的输入阻抗，以保证前置输入电路分得较大的信号功率。

38. 什么是灵敏度？

灵敏度（sensitivity）是指某方法对单位量待测物质变化所致的变化量变化程度，它可以用仪器的响应量与对应的待测物质量之比来描述。

39. 什么是频率响应？

仪器的输出跟随输入变化的一致性程度称为线性，频率响应（frequency response）指仪器保持线性输出时允许其输入信号频率变化的范围。

40. 什么是信噪比？

信噪比（signal to noise ratio）是信号功率与噪声功率之比。噪声是指电路内部产生的无关干扰信号。

41. 什么是零点漂移？

零点漂移（zero drift）指仪器的输入量为零时，输出量偏离原始值的现象。

42. 什么是共模抑制比？

共模抑制比（common-mode rejection ratio，CMRR）是指放大器对差模信号的电压放大倍数与对共模信号的电压放大倍数之比。

43. 国家食品药品监督管理总局对医疗器械的定义是什么？

医疗器械主要是指用于临床探查、监护、分析、记录、存储和传输生理、生化信息的测量仪器和直接作用于人体的治疗仪器。医疗器械是生物医学工程学研究成果的直接体现。它利用医学、物理学的原理和现代工程技术的方法，将计算机、通讯、电子、材料、化工、微电子等技术成果综合运用于设计制造成专门仪器,为医学临床的诊断、治疗、康复、保健服务。它是生物医学工程的一个重要分支。

44. 医疗器械应用的目的是什么？

对疾病的预防、诊断、治疗、监护、缓解；对损伤或者残疾的诊断、治疗、监护、缓解、补偿；对解剖或者生理过程的研究、替代、调节；妊娠控制。

45. 什么是医疗设备？

医疗设备(medical equipment)一般指有源的医疗器械。

46. 什么是医疗仪器？

医学仪器(medical instrument)一般指有源且无大功率动力装置、用于诊断或治疗的医疗器械,医学电子仪器一般指输入输出均为电信号的医学仪器。

47. 医疗设备分为哪几类？

按照国家药品监督管理局的规定可分为3类：第一类为通过常规管理可以确保其安全性、有效性的医疗器械；第二类为对其安全性、有效性应加以控制的医疗器械；第三类为植入人体、用于支持生命,对人体具有潜在危险性而必须严格控制的医疗器械。

（姚俊岩）

参考文献

[1] 张庆锴.模拟电路故障诊断方法及其应用研究[J].大连：大连理工大学出版社,2011.
[2] 成立,王振宇.模拟电子技术基础[M].北京：电子工业出版社,2015.
[3] 郭艳,杨保新,杨永环.我国医疗器械行业发展概况及发展趋势[J].中国医疗器械信息,2011,17(7)：3.

第二章

呼吸功能监测仪器

1. 呼吸功能监测仪的监测项目包括哪些?

呼吸功能监测仪器主要进行通气力学和生物学监测。力学监测针对力学指标,反映肺通气机制和储备功能,主要包括通气频率、气道压、通气量等。生物学监测反映肺换气的功能,主要包括气体或血中氧气、二氧化碳的监测。

2. 常用通气频率监测的方法有哪些?

① 人工观察胸腹起伏计算通气频率;② 通过监测呼吸气 CO_2/O_2 浓度、气流、气道压等曲线,根据其峰/谷值的间期计算得到通气频率;③ 通过电阻抗容积描记等方法进行呼吸频率的监测。

3. 电阻抗容积描记法测量呼吸频率的原理?

由于人体容积随着呼吸变化,电阻抗也随之发生相应改变。电阻抗容积描记法基于此原理,借助心电图电极监测人体阻抗变化,监测信号经过前置放大、光电隔离、解调、放大滤波,计算得到呼吸频率。

4. 什么是气道压?气道压峰值正常是多少?

气道压是机械通气时将一定量的气体送进肺时产生的压力,反映通气时的阻力。肺顺应性正常的患者,吸气相气道峰压正常值为 15~20 cmH_2O。

5. 机械通气的气道阻力由什么构成?

机械通气时,气道阻力主要由三部分构成:黏性阻力、弹性阻力和惯性阻力。黏性阻力是气流通过气道时因摩擦消耗所产生的阻力,分布在大/小气道和肺组织,绝大部分来自气道。弹性阻力是胸廓和肺组织扩张膨胀所消耗的阻力,主要分布在胸廓、肺组织、肺泡和可扩展性的细小支气管。弹性阻力的倒数即为胸廓和肺的顺应性。惯性阻力是在气体流动和胸廓扩张运动过程中产生的阻力，主要存在于大气道和胸廓。

6. 气道压过低可能的原因有哪些？

气道压过低可能的原因包括：呼吸管道脱落、漏气、呼吸参数设置不当（如潮气量过低）等。

7. 气道压过高可能的原因有哪些？

气道压过高主要的原因是肺顺应性降低和呼吸环路梗阻。肺顺应性降低常见于肺水肿、肺实变、肥胖、俯卧位通气或肌肉松弛不足。呼吸环路梗阻常见于分泌物或血凝块堵塞管路、支气管痉挛、呼吸环路扭曲打折、导管过细、气管插管过深。

8. 气道压监测的方法有哪些？

常用气道压力监测的方法有水柱压力计法、机械压力表法和压力传感器法。水柱压力计法是原始的气道压测量方法，采用 U 形管进行测量。管道一端与气道相通，另一端与大气相通，当水自重产生的压力与被测量气道压力平衡，通过测量水柱的高度即可得到被测量气道的压力。机械压力表法：常用的是膜盒压力表，膜盒与气道相通，气道压力使应变膜发生弹性性变，从而产生位移，位移的大小与压力成正比，经转换后压力表指针指示出相应的压力值。压力传感器法：压力传感器将压力信号转换成电信号，放大转换，计算机分析处理后输出相应的压力值。

9. 压力传感器的原理是什么？常用的压力传感器有哪些？

压力传感器将压力转换成电信号，再将电信号放大转换，经计算机处理后输出所测量到的压力。压力传感器一般由敏感元件和转换元件组成。目前常用的压力传感器包括：应变式压力传感器、压阻式压力传感器、电感式压力传感器。

10. 应变式压力传感器原理是什么？

压力使得传感器内部的弹性元件产生弹性变形，电阻应变片随之发生变形，其阻值随着变形产生变化，将电阻值变化转换为电信号再经过放大，通过计算机分析处理后输出相应压力数据。

11. 压阻式压力传感器原理是什么？

压阻式压力传感器利用半导体的压阻效应和集成电路制造技术测量压力。内部的硅膜片的一侧与被测系统相连接，另一侧是与大气相连。当膜片因两边压力差而发生变形时，膜片各点产生应力，硅膜片上电阻值发生变化，惠斯通电桥失去平衡，输出相应的电压，电压的大小反映了膜片所受的压力差值。

12. 电感式压力传感器原理是什么？

电感式压力传感器利用电磁感应把压力变化转换成线圈的自感系数或互感系数的变化，再转换为电压或电流的变化。测量输出电压的大小和相位，并进行调解。

13. 通气流速检测原理是什么？

采用皮托管测量流速，前端的迎流总压孔，侧面是分布均匀的静压孔，两者连接到 U 型管上，总压与静压差会形成不同高度的液柱，根据能量守恒定律，得到流速。

14. 通气流量检测的原理是什么？

测量通过某一管道固定截面面积的气体流速，再乘以横截面积得到流量。对流量进行积分则可以得到累积流量（若干时间内流过一定面积的流体体积的总和）。

15. 气体流量检测-速度通气量计常用有哪些？

气体流量检测速度通气量计种类繁多，常用的通气量计有叶轮式、压差式、热传导式、电磁式等。

16. 叶轮式通气量计原理是什么？

当气体吹入叶轮式通气量计时，气体流速即转换为叶轮转速，其速度与转动方向与气体流量和方向有关。叶轮转动导致表盘转动，表盘指针显示出吸入与呼出气流量。电子叶轮式通气量计则是通过光电接收器计数，计算出旋转速度显示通气量。

17. 压力差流量计原理是什么？

压差式流量计流道上存在节流元件，当气体流过节流元件时流阻增加，从而产生压差,压力差流量计利用这一原理,根据伯努利方程通过压差求得气体流量。

18. 涡街流量计的原理是什么?

气体流过阻碍物时产生一系列有规律交替的漩涡,涡街流量计利用这一原理,使用超声检测漩涡产生频率计算流量。

19. 热丝式流量计的原理是什么?

气流流经加热的热敏电阻会带走一部分热量,热量变化与气体流量有关。温度变换会导致电阻变化,从而产生相应的电压输出信号。目前热丝式流量计均采用以反馈电路维持热丝温度恒定的恒温电路,通过维持恒温所需要的功率即可得到气体流量。

20. 什么是分钟通气量?

分钟通气量是每分钟进入或呼出肺的气体总量,即潮气量与呼吸频率的乘积健康成人每分钟静息通气量为 5~6 L/min。

21. 气道压包括哪些?如何获取?

气道压包括气道峰压(peak pressure,P_{pk})、平台压(platform pressure,P_{plat})、呼气末正压(positive end expiratory pressure,PEEP),均由压力传感器直接测得。

22. 什么是吸呼比?

呼吸过程中吸气与呼气所占时间比值。

23. 什么是跨肺压?

跨肺压是肺内压与胸膜腔内压之差。它是吸气末或呼气末阻断时测量的肺泡与食管之间的压力差。肺泡压给定时,跨肺压随食管压力的增大而减小,即胸壁越僵硬,气道压力中用于扩张肺的压力比例就越小。

24. 什么是内源性 PEEP?

PEEP(positive end expiratory pressure)指呼气末肺泡内存在的正压。肺在平静呼气末处于松弛状态,肺泡的弹性回缩力与胸廓的向外扩张力相平衡,肺泡内压与气道开口处压力相等,呼气末肺容积等于正常功能残气量。慢性阻塞性肺气肿和支气管哮喘重度发作时,由于存在呼气气流受限,呼气气流被迫提前中止,呼气末肺容积逐渐增加,肺过度充气。呼气末肺泡内压高于气道开口处压力,此时的肺泡内压即为内源性 PEEP(intrinsic positive end expiratory pressure,iPEEP)。

25. 最优化 PEEP 是什么？PEEP 滴定的方法有哪些？

最优化 PEEP 是指肺功能达到最大程度改善而对血流动力学影响最小的 PEEP。PEEP 滴定的方法有最佳氧合法、吸入氧浓度与 PEEP 偶联法、压力-容积(pressure-volume,P－V)曲线法、最好肺顺应性法、平台压法、CT 法、肺牵张指数法等。

26. 肺动态顺应性是什么？成人肺动态顺应性正常值是多少？

肺顺应性是指单位跨肺压变化所引起的肺容量的变化,它与肺弹性阻力呈倒数关系。肺的顺应性＝肺容积的变化(ΔV)/跨肺压的变化(ΔP)。动态肺顺应性(dynamic compliance,C_{dyn})是指有气体流动的情况下测得的肺顺应性。受肺组织弹性和气道阻力双重影响。$C_{dyn}=VT/(P_{pk}-PEEP)$,成人正常值在 30—40 mL/cmH$_2$O。

27. 肺静态顺应性是什么？正常值是多少？

静态肺顺应性(static compliance,C_{st})是指无气体流动的情况下测得的肺顺应性,即肺组织的弹力。$C_{stat}=VT/(P_{plat}-PEEP)$,正常值在 60—100 mL/cmH$_2$O。

28. 静态压力容量曲线的上、下拐点的意义？

急性呼吸窘迫综合征(acute respiratory distress syndrome,ARDS)或急性肺损伤(acute lung injury,ALI)的患者肺顺应性下降,肺静态顺应性曲线变为"乙"字形或"S"形,出现上拐点(upper inflection point,UIP)与下拐点(lower inflection point,LIP)。LIP 处的平台压被称为肺泡开放压。UIP 表示肺泡过度膨胀。气道压应该维持与 LIP 与 UIP 之间,避免肺泡不张和过度膨胀,减少呼吸机相关肺损伤。

29. 什么是压力-容量环？

压力-容量环(pressure-volume,P－V)是以压力为横轴,容量为纵轴,描记整个呼吸过程所绘的环形图。动态 P－V 曲线反应气道阻力和肺、胸壁顺应性的综合影响,测定简便,但掺杂了气道阻力等因素,并不能真正反映呼吸系统的顺应性。静态 P－V 曲线是指理想状态的肺容积随压力改变的曲线。

30. 什么是流量-容积环？

流量-容积环(flow-volume,F－V)是最大用力吸气和呼气动作期间,吸气和呼气流速(纵轴)对容量(横轴)所绘的环形图。流量-容积曲线正常呼气部分的特征为迅速上升至峰流速,之后随着患者呼气几乎呈线性下降直至残气量。呼出部分对气道阻力敏感,呼出阻力的增加,将导致曲线平坦。吸气曲线则为相对对称的马鞍形曲线。

31. 什么是呼吸功？

呼吸功是指肺和(或)胸壁扩张或回缩达到特定的容量时所需要的能量,为吸入气体的容积与吸气压力的乘积,即维持正常呼吸做功。当呼吸系统受损时呼吸功增大。通过压力容量曲线可以估计呼吸功的大小,面积越大呼吸功越大。

32. 什么是闭环通气？

闭环通气是指通过连续监测患者的呼吸状态,计算机实时干预呼吸机设置,以连续调整对患者压力支持的水平,使呼吸机的同步性最佳、呼吸功最小的一种通气方法。由于实施了实时监测,持续调整呼吸机参数,可以将错误降至最低。

33. 通过心电图监测系统监测呼吸频率的方法是什么？

通过心电图监测系统监测呼吸频率主要是采用电阻抗容积描记法。

34. 什么是脉搏氧饱和度监测仪？

脉搏氧饱和度监测仪是利用动脉血流的搏动性,采用一种无创、连续的对动脉脉搏波和动脉血中血红蛋白与氧结合程度进行监测的仪器。

35. 脉搏氧饱和度监测的原理是什么？

脉搏氧合血红蛋白(HbO_2)和还原血红蛋白(Hb)对 660 nm 的红光和 940 nm 的红外光的吸收不同,HbO_2 吸收红外光更多,而 Hb 吸收红光更多。血氧饱和度监测利用这种特性,使用 660 nm 的红光和 940 nm 的红外光照射,监测相应的透射光,再经信号处理,通过计算,即可得出血氧饱和度。

36. 影响脉搏氧饱和度监测准确性的因素有哪些？

影响脉搏氧饱和度监测准确性的因素有：血红蛋白变异(如高铁血红蛋白浓

度和碳氧血红蛋白浓度异常变化)、贫血、低血压、局部灌注不佳、血氧饱和度低、静脉搏动及静脉堵塞、光干扰、血管内染料(如亚甲蓝等)、严重高胆红素血症、高频电刀、传感器位置欠佳、指甲油、低温等。

37. 什么是多波长脉搏氧饱和度监测仪？

传统的脉搏氧饱和度监测仪只有 660 nm 的红光和 940 nm 的红外光 2 种波长,当存在其他类别的血红蛋白(Hb)时会导致读数错误。多波长脉搏氧饱和度监测仪还可以监测高铁血红蛋白(MetHb)和一氧化碳结合血红蛋白(COHb),但准确性还需要进一步研究。

38. 反射脉搏氧饱和度监测仪与传统的脉搏氧饱和度监测仪有何不同？

与传统的脉搏氧饱和度监测仪不同,反射脉搏氧饱和度监测仪的光发射和光感受装置安装于探头的同一侧,通过分析组织反射的光线来监测脉搏氧饱和度。

39. 什么是氧合指数？

氧合指数为动脉血氧分压(arterial partial pressure of oxygen, PaO_2)与吸氧浓度(fraction of inspired oxygen, FiO_2)的比值即 PaO_2/FiO_2(P/F)。氧合指数的正常值为 400~500 mmHg,小于 300 mmHg 提示呼吸功能障碍。

40. 什么是电阻抗体层成像术？

电阻抗体层成像术是一种无创、无辐射的肺功能监测方法,是一种功能性成像技术。它利用解剖结构内的电学特性,测量旋转电流通过胸壁产生的电压梯度,将此梯度转变为胸内电阻抗的二维分布图形,通过对结构表面的测量得出该结构的电学特性。

41. 肺功能常用指标包括哪些？

常用的肺功能指标有:

(1) 肺总量(total lung capacity, TLC):指最大吸气后肺部的全部气量。

(2) 肺活量(vital capacity, VC):指最大吸气后呼出的最大气量。

(3) 残气量(residual volume, RV):指最大呼气后肺内残余的全部气量。

(4) 功能残气量(functional residual capacity, FRC):指平静呼气末肺内所含气量。

（5）每分通气量（minute ventilation，MV）：是指静息状态下，每分钟呼出或吸入的气量。

（6）用力肺活量（forced vital capacity，FVC）：指深吸气后用最大力、最快速所能呼出的气量。

（7）第一秒用力呼气容积（forced expiratory volume in the first second，FEV_1）：是最大深吸气后做最大呼气，最大呼气第一秒呼出的气量的容积。

42. 肺通气功能障碍的类型有哪些？有何特征？

肺通气功能障碍可以分为阻塞性、限制性以及混合性通气功能障碍。通过通气、容积参数以及流量-容积（Flow-volume，F-V）曲线的形态可以判断其类型。① 阻塞性通气功能障碍是指气流吸入和（或）呼出受阻引起的通气功能障碍。其特征是 FEV_1/FVC 降低。② 限制性通气功能障碍是指肺扩张受限和（或）回缩受限引起的通气功能障碍。其诊断标准是用力肺活量＜正常值下限或80%预计值，FEV_1/FVC 正常或升高。如能检测肺总量，则以肺总量下降作为金标准。③ 混合性通气功能障碍：指同时存在阻塞性和限制性通气功能障碍。

43. GOLD 肺功能分级的内容是什么？

GOLD 肺功能分级是对 $FEV_1/FVC<0.70$ 的 COPD 患者严重程度的分级，根据使用支气管扩张剂后的 FEV_1 占预计值的百分比为标准，共分4级。1级（轻度）：$FEV_1 \geqslant 80\%$ 预计值；2级（中度）：$50\% \leqslant FEV_1 \leqslant 79\%$ 预计值；3级（重度）：$30\% \leqslant FEV_1 \leqslant 49\%$ 预计值；4级（极重度）：$FEV_1 < 30\%$ 预计值。

44. $P_{ET}CO_2$ 是什么？有何临床应用？

$P_{ET}CO_2$（partial pressure of carbon dioxide in endexpiratory）是指呼气末混合肺泡气的二氧化碳分压，正常值为 35～45 mmHg。$P_{ET}CO_2$ 可以用于评价通气功能、循环功能、肺血流、肺泡通气、重复吸收以及呼吸回路通畅度。

45. $P_{ET}CO_2$ 的影响因素有哪些？

CO_2 的产生、肺泡通气、肺血流灌注均会影响 $P_{ET}CO_2$。CO_2 弥散能力强，容易从肺毛细血管进入肺泡，肺泡和动脉血的 CO_2 能极快速的完成平衡。但要注意当存在通气血流比失调和肺内分流存在时 $P_{ET}CO_2$ 不能代表 $PaCO_2$。

46. $P_{ET}CO_2$ 过高见于哪些情况？

$P_{ET}CO_2$ 过高主要见于二氧化碳生成与转运至肺增加、肺泡通气不足以及设备故障。如发热、代谢增加、恶性高热、甲状腺毒症、心输出量增加、心输出量增加、输注碳酸氢钠、腔镜手术二氧化碳吸收过多；人工通气呼吸机问题，分钟通气量低或频率过低、重吸收征集、二氧化碳吸收剂耗竭；自主呼吸时各种原因导致的呼吸抑制，频率或潮气量低；呼吸浅快等。

47. $P_{ET}CO_2$ 过低见于哪些情况？

$P_{ET}CO_2$ 降低主要见于二氧化碳生成与转运至肺减少、肺泡过度通气以及设备故障。如低温、休克、代谢减低、心搏骤停；肺灌注减少、肺栓塞、出血；过度通气潮气量过大或频率过快、呼吸机断开、气管内插管、气道阻塞等。

（张伟义）

参考文献

[1] 余学飞,叶继伦.现代医学电子仪器原理与设计(第4版)[M].广州：华南理工大学出版社,2018.
[2] 连庆泉.麻醉设备学(第4版)[M].北京：人民卫生出版社,2017.
[3] Michael A. Gropper 原著.邓小明,黄宇光,李文志主译.米勒麻醉学(第9版)[M].北京：北京大学医学出版.2021.
[4] 邓小明,姚尚龙,于布为,等.现代麻醉学(第4版)[M].北京：人民卫生出版社,2014.
[5] Y Colman, B Krauss. Microstream capnography technology: a new approach to an old problem[J]. J Clin Monit Comput, 1999, 15(6)：403-409.
[6] JW Severinghaus. Nomenclature of oxygen saturation[J]. Adv Exp Med Biol, 1994, 345：921-923.
[7] Edward D Chan, Michael M Chan, Mallory M Chan. Pulse oximetry: understanding its basic principles facilitates appreciation of its limitations[J]. Respir Med, 2013, 107(6)：789-799.
[8] Axel Kulcke, John Feiner, Ingolf Menn, Amadeus Holmer, Josef Hayoz, Philip Bickler. The Accuracy of Pulse Spectroscopy for Detecting Hypoxemia and Coexisting Methemoglobin or Carboxyhemoglobin[J]. Anesth Analg, 2016, 122(6)：1856-1865.
[9] Eduardo L V Costa, Raul Gonzalez Lima, Electrical impedance tomography[J]. Curr Opin Crit Care, 2009, 15(1)：18-24.

第三章

循环功能监测仪器

1. **心脏电活动的产生和传导过程是怎样的？**

   正常的心脏电活动由窦房结开始，沿特殊传导系统下传，激发心房和心室序贯兴奋，偶联心肌机械性收缩，完成泵血功能。其中，特殊传导系统包括结间束、房间束、希氏束、左右束支以及浦肯野纤维，当窦房结产生的电冲动经过结间束传递至房室结后，后者再将冲动传导至希氏束、浦肯野纤维等，引起激动，导致心脏收缩，从而完成一个心动周期。

2. **什么是心电图？**

   心电图（electrocardiogram，ECG/EKG）是利用心电图机从体表记录并放大心脏每一心动周期所产生的电活动变化，进而描记下来所形成的图形。

3. **心电图的原理是什么？**

   心电图的基本原理是心肌细胞生物电的变化。心脏在每次机械性收缩之前，心肌细胞先发生兴奋，在兴奋过程中所产生的微小生物电流（即心电），通过人体组织传到体表，用心电图机把它放大，并描记下来，形成连续的曲线。

4. **心电图的波形特点**

   正常心电图的基本波形主要包括 P 波、QRS 波群主波、T 波和 U 波。其中，P 波代表两心房去极化过程的电位变化，波形小而圆钝，持续 0.08～0.11 秒；QRS 波群代表两心室去极化过程的电位变化，持续 0.06～0.10 秒；T 波代表两心室复极化过程的电位变化，持续 0.05～0.25 秒，方向与 QRS 波群主波相同；U 波有时出现于 T 波之后，低而宽，方向与 T 波相同。

5. 什么是导联?

心肌在除极和复极过程中产生的电力,可以使身体表面各处具有不同的电位分布。若将电极板置于人体表面上不同的两点,并用导联线连接至心电图机电流计的两端,即可构成电路而描记出这两点的电位差,这种放置电极板的方法和电极板与心电图机的连接方式,称为导联。

6. 什么是标准导联?

标准导联是由 Einthoven 创立的国际通用的心电图导联体系,是一种常用的双极肢体导联,共有 3 类 12 个导联,包括 3 个标准肢体导联(Ⅰ、Ⅱ、Ⅲ),3 个加压单极肢体导联(aVR、aVL、aVF)和六个单极胸导联(V1、V2、V3、V4、V5、V6)。

7. 标准肢体导联的连接方法?

标准肢体导联包含Ⅰ导联、Ⅱ导联和Ⅲ导联,其电极连接方式如下:Ⅰ导联:左上肢与心电图机正极相连,右上肢与负极相连,所得电位是两上肢电位差。当左上肢电位高于右上肢时,波形向上,反之向下;Ⅱ导联:正极接左下肢,负极接右上肢。当左下肢电位高于左上肢时波形向上,反之向下;Ⅲ导联:正极接左下肢,负极接左上肢。当左下肢电位高于左上肢时波形向上,反之向下。

8. 加压单极肢体导联的连接方法?

加压单极导联包含 aVR 导联,aVL 导联和 aVF 导联,其连接方式如下:aVR:正极置于右手腕关节内侧上方,负极连接左上肢和左下肢;aVL:正电极置于左手腕关节内侧上方,负极连接右上肢和左下肢;aVF:正电极置于左脚踝关节内侧上方,负极连接左上肢和右上肢。

9. 单极胸前导联的连接方法?

胸壁导联包含 V1~V6 导联,其连接方式如下:V1:探查电极置于胸骨右缘第 4 肋间。V2:探查电极置于胸骨左缘第 4 肋间。V3:探查电极置于 V2 与 V4 连接中点。V4:探查电极置于左锁骨中线与第 5 肋间相交处。V5:探查电极置于左腋前线,与 V4 同一水平。V6:探查电极置于左腋中线,与 V4、V5 同一水平。

10. 心电监护仪的工作原理是什么?

心电监护仪由导联选择开关选择其中两个电极进行心电记录,另一个电极作为参考电极。其原理是在适当的体表部位运用电极(或者传感器)获取心电信号并将其转化成电信号,经过电子系统和信号处理系统的识别、分析和放大,最后显示并比较,实现同步和实时的心电信号的检测与监控。

11. 滤波、高压保护电路在心电监护中的作用是什么?

滤波的作用是滤除无线电、电火花等外界高频电磁干扰信号。高压保护电路的作用是防止高电压、大电流对监护设备的影响。

12. 导联选择开关的作用是什么?

导联选择开关的作用是不改变人体连接电极位置,通过改变开关位置实现各心电电极与心电放大器之间的连接方式,选定不同导联的心电图。

13. 前置放大器在心电监护中是怎样应用的?

前置放大器具有高输入阻抗和高共模抑制比以消除电极和人体的接触电阻、电极接触电阻不平衡及电极极化电压等产生的干扰。同时,为进一步提高电路抗共模干扰的能力,前置放大器还采取了屏蔽驱动和右腿驱动两项措施。此外,心电图仪配有耐极化电压的放大器和记录装置用于消除皮肤和表面电极之间产生的极化电压。

14. 高通滤波、低通滤波、50 Hz 陷波器在心电监护中的作用是什么?

高通滤波的作用是滤除心电信号中夹杂的直流或低频分量。低通滤波的主要作用是滤除心电信号中含有较高频率的肌电干扰等其他高频干扰。50 Hz 陷波器的作用是滤除心电信号中的 50 Hz 电源干扰。

15. 隔离放大器在心电监护中的作用是什么?

隔离技术能有效切断人体、前置放大测量电路与后级处理电路之间电的联系,仅保持信号联系。隔离放大器具有极好的抗共模干扰能力,切断前后级电路之间的干扰通道,从而保证患者的绝对安全,消除仪器漏电对人体的伤害。

16. 隔离放大器分为哪几种?

隔离放大器分为变压器隔离和光电隔离 2 种。

17. 常见的心电图系统包括哪几种？

常用的心电图系统包括三电极系统、改良的三电极系统和五电极系统。

18. 什么是无创血压监测？

无创血压监测（non-invasive blood pressure，NIBP）又称间接血压监测，其特点是压力传感器放在体外，血压通过组织、皮肤等媒介间接传递，较直接血压测量简单、安全。

19. 无创血压监测分为哪 2 种？

无创血压监测根据袖带充气方式的不同分为：人工袖带测压法和电子自动测压法。

20. 人工袖带测压法分为哪几种？原理是什么？

人工袖带测压法分为触诊法、听诊法和超声多普勒法。其原理为测量时上臂袖带充气阻断动脉，动脉搏动或者血流被阻断，无法触及搏动或者闻及柯氏音，亦无法使用多普勒探头探及血流，随后缓慢放气，当袖带中压力刚低于收缩压，手指开始感触到动脉搏动，亦可听到第一声响亮的柯氏音，或者多普勒探头探及第一声响，此时压力计的指示即为收缩压。

21. 电子自动测压法分为哪几种？原理是什么？

电子自动测压法分为电子柯氏音自动测压法、振动法、超声多普勒自动测压法和动脉张力测压法。电子柯氏音自动测压法和振动法是用电子技术或者压力传感器代替听诊和触诊，其原理与人工法相似。超声多普勒自动测压法的工作原理为利用袖带内的超声波换能器捕捉血流变化从而判断动脉的开闭，最终检测收缩压与舒张压。动脉张力测量法的原理是通过感知浅表动脉（下方应有骨性结构支持）因受压而部分变平时的压力来反映血压。

22. 什么是连续无创血压监测？

连续无创血压监测是通过连续 24 小时按照设定的时间间隔进行跟踪测量和记录血压的方式，能随时监测患者血压。

23. 什么是有创血压监测？

有创血压(invasive blood pressure, IBP)监测又称直接血压监测，是通过外周动脉置入导管，特殊时放入心室或大血管内，将压力传感器的传感部分与血液直接耦合进行测量的一种监测方式。

24. 有创血压监测部位包括哪些？监测方法包括哪几种？

常用的有创血压监测置管部位有桡动脉、尺动脉、肱动脉、股动脉、足背或胫后动脉和腋动脉。根据压力传感器所在位置分为液体耦合法和导管端传感器法。

25. 液体耦合法的原理是什么？

液体耦合法的原理是将充满生理盐水的导管置入动脉或静脉待测部位，将压力经导管内液体耦合直接传递给外部的薄膜压力传感器。

26. 导管端传感器法的原理是什么？

导管端传感器法的原理是将微型压力传感器直接安装在导管顶端，插入待测部位，直接将血压波动转换为电信号，经引线将信号送入放大器。

27. 动脉血压监护的现状如何？

目前动脉血压的监护主要包含无创和有创 2 种方式。其中无创动脉血压监测分为间断性和连续性 2 种，前者适用于病情稳定且一般情况较好的患者；后者针对特定高危患者人群。而有创动脉血压监测则适用于病情复杂多变、血流动力学不稳定或一般情况差的患者，能够直观、准确、连续地观察血压变化。

28. 动脉血压监护有何技术进展与应用局限？

现阶段无创连续血压测量技术主要包括动脉张力法、恒定容积法和脉搏波速法。虽然动脉张力法和恒定容积法监测精度高，且能连续监测，但是具体实施难度高；脉搏波速法相对便捷简单，但是患者间差异较大且易受自身和外界因素干扰。有创血压主要依靠周围动脉穿刺置管完成，其管道容易堵塞影响读数的准确性，同时容易引起感染、穿刺处血肿或者夹层形成等并发症。

29. 反映心排量的指标有哪些？

反映心排量的指标包括：平均动脉压(mean arterial pressure, MAP)、心输出量(cardiac output，CO)、心脏指数(cardiac index，CI)、每搏输出量(stroke volume，SV)、每搏量变异度(stroke volume variation，SVV)、每搏输出量指数(stroke volume index，SVI)、外周血管阻力(systemic vascular resistance，SVR)、体循环阻力指数(systemic vascular resistance index，SVRI)、全心射血分数(global ejection fraction，GEF)和心肌收缩力等。

30. 什么是中心静脉压？

中心静脉压(central venous pressure，CVP)是上腔或下腔静脉即将进入右心房处的压力或右心房压力，正常值为 5~12 cmH$_2$O。CVP 可通过颈内静脉、锁骨下静脉、股静脉、颈外静脉、腋静脉等血管置管来测量，而右颈内静脉是最常选用的穿刺静脉。CVP 主要反映右心室前负荷，其高低与血容量、静脉张力和右心功能有关，但不能反映左心功能。

31. 什么是肺动脉楔压？

肺动脉楔压(pulmonary artery wedge pressure，PAWP)是将特殊的尖端带气囊的导管(又称 Swan-Ganz 导管、漂浮导管)经中心静脉置入右心房，在气囊注气的状态下，导管随血流"漂浮"前进，经右心室、肺动脉，进入肺小动脉处，此时测得的压力即为 PAWP。PAWP 反映左心室功能，正常值为 5~15 mmHg，均值为 10 mmHg。

32. 什么是心排量？

心排量，又称心输出量(cardiac output，CO)是指一侧心室每分钟射出的血液量。左、右两侧心室的心输出量基本相等。心输出量等于心率与每搏输出量的乘积。一般健康成年男性在安静状态下的心输出量为 4.5~6.0 L/min。女性的心输出量比同体重男性低 10% 左右。心排量监测能反映整个循环系统的状况，包括心脏机械功能和血流动力学。

33. 什么是每搏输出量？

每搏输出量(stroke volume，SV)指一侧心室在一次心搏中射出的血液量，简称搏出量。左、右心室的搏出量基本相等。正常成年人在安静状态下，左心室舒张末期容积约 125 mL，收缩末期容积约 55 mL，两者之差即为搏出量，约 70 mL(60~80 mL)。

34. 什么是每搏量变异度？

每搏量变异度(stroke volume variation，SVV)是由机械通气期间，每搏的最大值(SV_{max})与最小值(SV_{min})之差与每搏量的平均值(SV_{mean})相比获得的，计算公式为 $SVV=(SV_{max}-SV_{min})/SV_{mean}\times100\%$，其中 $SV_{mean}=(SV_{max}+SV_{min})/2$。

35. 什么是前负荷？

前负荷亦称容量负荷，是指心肌收缩之前所遇到的阻力或负荷，即在舒张末期心室所承受的容量负荷或压力。前负荷与静脉回流有关。

36. 什么是后负荷？

后负荷亦称压力负荷，指心室开始收缩射血时所受到的阻力，即室壁承受的张力。动脉血压是决定后负荷的主要因素。

37. 有创心排血量测定的方法有哪几种？

有创心排血量测定的方法包含菲克法(Fick method)、脉搏波(pulsecontinuous cardiac output，PCCO 或 PiCCO)和指示剂稀释法(indicator dilution)。

38. 菲克法(Fick method)的原理是什么？

菲克法的原理为：肺循环与体循环的血流量相等，测定单位时间内流经肺循环的血量可确定心排血量，通过肺循环的血流量等于肺循环吸收(或排出)某种指示剂的量除以指示剂浓度减少(或增加)的量。

39. 脉搏波形法(PiCCO)的原理是什么？

脉搏波形法将动脉压作为输入的主动脉循环模型来预测瞬时流量，动脉压波形一般在周围动脉(如桡动脉或股动脉)处进行测量。

40. 指示剂稀释法(indicator dilution)的原理是什么？

指示剂稀释法(indicator dilution)的原理是将一定量的指示剂快速注入右心室或肺动脉，然后在下游位置如肢体动脉测定其浓度随时间的变化，直至全部通过为止。

41. 指示剂稀释法分为哪几种？

指示剂稀释法分为染料稀释法（dye dilution）、锂稀释法、热稀释法（thermodilution）和连续热稀释法（continuous thermodilution）4 种。

42. 染料稀释法（dye dilution）的原理是什么？

染料稀释法的原理是以无毒的染料作为指示剂，通过导管直接注入，经置入股动脉或桡动脉的导管抽取血液测定染料浓度，得到染料稀释曲线，最终计算得出心排血量。

43. 锂稀释法的原理是什么？

锂稀释法的原理是在静脉中注入小剂量的氯化锂后，在外周动脉导管处通过锂选择性探头测定锂稀释曲线，从而计算出心排血量。

44. 热稀释法（Swan-Ganz 肺动脉导管）的原理是什么？

热稀释法的原理是以温度作为指示剂，采用 Swan-Ganz 肺动脉导管进行测量。从导管的近端孔将一定量的室温水或冷水快速注入右心房，室温水或冷水与血液混合，血液温度下降。同时，在肺动脉，由导管顶端的热敏电阻测定其血温的变化，从而得到温度-时间热稀释曲线。假设温度混合均匀，可计算出心排血量。

45. 连续热稀释法（continuous thermodilution）的原理是什么？

连续热稀释法的原理是定时对在右心房的加热元件通电，给出一个脉冲热量。同时，在肺动脉端，由 PAC 顶端的热敏电阻测定血温变化，CPU 根据所得的热稀释曲线，计算平均心排血量。

46. Flo Trac/Vigileo 系统的原理是什么？

Flo Trac/Vigileo 系统的基本原理仍是以公式心排血量（Co）= 脉搏频率（PR）×每搏量（SV）为基础。其中，PR 为 Flo Trac 传感器经患者外周动脉采集的脉搏频率。而在系统的运算中，SV 则是 σAP 与 χ 的乘积。其中，σAP 是该系统监测到的每 20 秒动脉压力标准差，χ 是通过对动脉波形（如波的对称性和峰态）分析得出的函数。因此，该系统是通过血流动力学模型，将血流与动脉压力相结合，通过 Flo Trac 公式，即 $APCO = PR \times (\sigma AP \times \chi)$ 计算瞬时心排血量。

47. 无创心排血量测定的方法有哪几种？

无创心排血量测定的方法包含电阻抗式容积描记法、经食管多普勒超声法（transesophageal echocardiography，TEE）和经气管多普勒超声法。

48. 电阻抗式容积描记法的原理是什么？

电阻抗式容积描记法的原理是生物体的容积变化引起其电阻抗变化。由于胸腔内血量的周期性搏动，胸部阻抗也会随之发生变化，这些变化与心排血量直接相关。

49. 经食管多普勒超声法的原理是什么？

经食管多普勒超声法的原理是同时记录二维超声心动图和脉冲式多普勒超声心动图，利用超声多普勒测出平均瞬间血流速度（V），再利用二维超声测出血流流经的横截面面积（A）就可以算出瞬间血流量，即 VA。

50. 经气管多普勒超声法的原理是什么？

经气管多普勒超声法的原理是应用多普勒效应原理进行主动脉横截面面积（A）和平均血流速度（V）的测定来计算出心排血量。

51. 什么是床旁监护仪？在临床上有何应用？

床旁监护仪是放置在病床旁，实时无创性监测患者心电、心率、呼吸、血氧饱和度、血压等多种生理参数，并且能及时发出警报提醒相关人员进行处理的一种监护系统，通常应用于手术室、重症监护室、急诊室、普通病房住院患者。

52. 床旁监护仪由哪些部分组成？

床旁监护仪由信号采集、模拟处理、数字处理和信号输出四部分组成。通常包括监测心电、血压、氧饱和度、呼吸频率、体温等生理参数的仪器设备。

53. 床旁监护仪的工作原理是什么？

床旁监护仪的工作原理是通过传感器收集生理参数转化为电信号，经前置放大后传输到计算机进行储存和显示。

54. 什么是中央监护系统？通常在何种情况下使用？

中央监护系统是一种集成的监护系统，主要功能是将多台床边监护仪连接起来，同时监护多个患者的生理参数、行为状况，并通过有线、无线、遥测等技术集中显示在中央监护显示器上，为医护人员提供患者信息。中央监护系统可应用于远程医疗，例如，急救现场到急救中心的信息传送、远程会诊、社区和家庭医疗、危重患者监护、伤病员抢救等情况。

55. 什么是便携监护仪？

便携监护仪是一种体积小、重量轻、有自带电源、可外带的监护设备。一种是将传统床旁监护仪嵌入便携式设计，常用于院中转运、院前及科室急救和急诊病房等临床情况；另一种是采用随身式设计，采用蓝牙技术和无线局域网等无线通信方式与床旁监护仪或中央主机通讯，适用于家庭医疗。

56. 什么是心脏起搏器？

心脏起搏器是一种能产生一定强度和宽度的电脉冲，通过刺激心肌引起心脏收缩，即模拟正常心脏冲动形成和传导从而治疗一些严重心律失常的电刺激仪。

57. 起搏器的工作原理是什么？

心脏起搏器的基本原理是通过发放一个短时限、低强度的脉冲电流，引起心肌兴奋、传导、收缩，使心脏按照一定的起搏频率搏动。当自身心率低于所设定的起搏器频率下限时，起搏器发放阈上脉冲刺激，引起心脏搏动而维持稳定的心率；当自身心率高于所设定的起搏器频率上限时，起搏器发放高于心动过速频率的阈上脉冲刺激夺获心肌，导致原心动过速兴奋灶的输出阻滞；或者发放适当的期前刺激打断心动过速的折返途径，终止心动过速的发作。

58. 心脏起搏器分为哪几种？什么是临时起搏器？什么是永久起搏器？

心脏起搏器按使用时限分为临时起搏器和永久起搏器；按与心脏活动的关系分为非同步型和同步型起搏器，同步型又分为心房同步起搏器、按需型起搏器和生理型房室顺序起搏器等；按起搏电极可分为单极型和双极型。

临时起搏器：是一种短期（一般为1周）内放置于患者体内的心脏起搏器。永久起搏器：是永久滞留患者体内的心脏起搏器，用于慢性或间歇发作的严重缓慢性心律失常如心脏传导阻滞、病态窦房结综合征等。

59. 哪些人需要安置永久起搏器？

以下患者需要安置永久起搏器：① 症状性心脏病时功能不全；② 病态窦房结综合征或房室阻滞，心室率<50 次/min，有临床症状，或清醒间歇心室率<40 次/min，或 RR 间期>3 秒；③ 慢性双分支或三分支阻滞伴二度Ⅱ型、高度或间歇性三度房室阻滞；④ 清醒状态下无症状性房颤患者，RR 间期>5 秒；⑤ 不可逆的高度或三度房室阻滞；⑥ 窦房结功能障碍和（或）房室阻滞，采用降心率药物治疗；⑦ 颈动脉窦刺激诱导的心室停搏>3 秒导致的反复晕厥。

60. 永久起搏器分为哪几种类型？

永久起搏器根据电极导线植入的部位分为：① 单腔起搏器：包括 VVI 起搏器和 AAI 起搏器；② 双腔起搏器，包括 DDD 起搏器；③ 三腔起搏器：主要有双房+右心室三腔起搏器、右心房+双室三腔起搏器。

61. 起搏器上的符号分别代表什么？

起搏器上的符号是 5 位 NBG 编码。第Ⅰ位代表起搏心腔，第Ⅱ位代表感知心腔，O 代表无起搏或无感知，A 代表心房，V 代表心室，D 代表双腔（房+室），S 代表单腔（房或室）。第Ⅲ位代表感知后反应方式，O 代表无反应，T 代表触发，I 代表抑制，D 代表触发或抑制。第Ⅳ位代表频率应答，O 代表无应答，R 代表有应答。第Ⅴ位代表多部位起搏，O 代表无多部位起搏，A 代表心房多部位起搏，V 代表心室多部位起搏，D 代表双腔多部位起搏。

62. DDD 和 VVI 有什么区别？

VVI 方式属于单腔起搏器，可干扰房室顺序收缩及房室逆传导导致心排血量下降，适用于一般性的心室率缓慢，无器质性心脏病，心功能良好者，间歇性的心室率缓慢和长 R-R 间隔，不适用于使用 VVI 起搏血压下降超过 20 mmHg、心功能代偿不良、有起搏器综合征者；DDD 属于双腔起搏器，不干扰房室顺序收缩，能够协调心房和心室的同步关系，适用于房室传导阻滞伴或不伴窦房结功能障碍，但不适用于持续性房颤、房扑。

63. 起搏器可以除颤吗？

起搏器可以除颤。心脏再同步化除颤起搏器（CRT-D）是将心脏起搏器与植入型心律转复除颤器（ICD）相结合，兼具起搏与心脏再同步化治疗和电除颤的功能。

64. 接受手术前需要检测起搏器功能吗？

接受手术前需要检测起搏器功能。手术和麻醉可能刺激患者自主神经系统，麻醉药物可能对心血管系统产生影响，因此，术前检测的方面包括：明确起搏器的类型；明确设备制造商和设备类型；确定起搏器电量充足且运转正常；确定患者的潜在心率和节律以及是否依赖起搏器起搏；确定起搏器对磁铁是否响应及其响应方式，以保证围术期起搏器正常工作。

65. 起搏器突然停止工作时如何处理？

大部分的起搏器内部含有磁铁装置，因此当起搏器突然停止工作时，可将磁铁放置于起搏器外皮肤表面，使起搏器里面的磁铁开关闭合，由同步改为非同步状态。此时起搏器不再感知自身电活动，而是以固定频率即磁铁频率发放起搏脉冲以维持心脏的节律。

（姚俊岩）

参考文献

[1] 赵嘉训.麻醉设备学[M].北京：人民卫生出版社,2011.
[2] Meidert AS，Saugel B：Techniques for Non-Invasive Monitoring of Arterial Blood Pressure. Front Med (Lausanne)，2017，4：231.
[3] Manecke GR：Edwards FloTrac sensor and Vigileo monitor：easy, accurate, reliable cardiac output assessment using the arterial pulse wave. Expert Rev Med Devices，2005，2(5)：523-527.
[4] 葛军波,徐永建,王辰.内科学[M].北京：人民卫生出版社,2018.
[5] Tom Kenny编,郭继鸿,张玲珍,李学斌主译.心脏起搏器基础教程[M].天津：天津科技翻译出版公司,2009.
[6] Douglas P. Zipes，Peter Libby,等著,陈灏珠主译.心脏病学[M].北京：人民卫生出版社,2007.

第四章

麻醉深度及脑功能监测仪器

1. 脑电图是什么？

脑电图（electroencephalography，EEG）是对大脑灰质兴奋性及抑制性突触后总电位的反映，脑电图的描绘来源于脑神经自发性、节律性电活动，其优势在于可无创性地反映意识活动。

2. 脑电图各频带的范围？

脑电图共有4个频带，δ为非常低的频带，频率范围0~4 Hz；θ为低频带，频率范围为4~8 Hz；α为中频带，频率范围8~14 Hz；β为高频带，频率范围14~30 Hz。随着全麻程度的加深，脑电频率变慢，中高频带波减少，低频带、非常低频带波增加，同时波幅变大。

3. 标准的脑电图图谱是什么？

标准脑电图谱为国际10~20导联系统，包括19个记录电极和2个参考电极，该系统电极排列需对称，从鼻根到隆突、齿状线到颞下颌关节。诊断用脑电图可使用16导联，术中监测可选择32全导联。

4. 术中脑电图监测是由什么部件记录的？怎样命名？

术中脑电图常用头皮电极记录，也可以用置于大脑表面的电极记录。标准脑电图双侧放置，根据距离中线的远近，在1/10~1/5距离基础上，电极放置在额、顶、颞及枕叶对应处，可选用1~32的全导联。电极的命名：左侧用奇数、右侧用偶数，数字由小到大记录距中线由近及远的电极。

5. 电极应该如何放置以获得可靠的脑电图？

放置电极需使电极与皮肤紧密接触。可通过定位导航系统使用标准记录的蒙太奇方式放置电极。该方式可对脑产生的信号进行解剖定位，将脑电图标准化，便于数据的动态观察、比较。

6. 提高信噪比的意义及方法有哪些？

信噪比是有效信号与背景干扰信号的比。因脑电信号微弱，背景干扰较大，故只有提高信噪比才能有效分析有效信号，得出准确的脑电分析，但目前技术有限难以通过检测技术提高信噪比。因脑电图的非线性及非平稳性，传统脑电图分析监测麻醉深度意义不大，需通过对原始脑电信号进行数据处理技术提取有效信号进行频域分析。主要通过叠加法、傅里叶变换与频谱分析、非线性动力学分析与熵提高信噪比，提取有效信号分析。

7. 叠加法提高信噪比的原理是什么？

叠加法即平均诱发反应法，是目前提高信噪比的最常用的手段，主要目的就是把诱发电位信号从干扰信号中分离出来。干扰信号多为杂乱信号，而诱发电位波形及振幅较为固定，因此，不断增加叠加次数后，诱发电位波形会趋于明显；而干扰信号在叠加过程中因其杂乱无章，其振幅会相互抵消，多次叠加后会形成明显的有效的诱发电位波形。叠加法是提取微弱有效信号的第一步关键，提取出有效信号后可进一步进行分析。

8. 傅里叶变换提高信噪比的原理是什么？

傅里叶变换是复杂波形频谱分析的理论基础。通过获得振幅随频率变化的函数曲线获得频谱图，该函数横坐标为频率，纵坐标为振幅。因此可通过对该函数分析信号特征，消除干扰，选用记录仪有效频带范围，提高信噪比。

9. 非线性动力学方法提高信噪比的原理是什么？

非线性动力学分析能够获得线性分析方法难以提供的非线性动力学系统大脑信息。非线性分析是对大脑皮层原始信号神经元网络耦联及交流情况直接测量，反映意识程度及信息加工情况。利用非线性指数可反映大脑意识认知功能变化，观察麻醉深度变化。熵是系统无序程度的测量，为非线性指数，值越大表示系统规律性越小。清醒状态下因脑电活动不规则，呈现多样性，故熵值也越大。深麻醉状态下,大脑爆发性抑制时,熵值为 0。

10. 正常脑电波幅范围?

正常脑电波幅为 0~200 μV,异常放电如癫痫发作时可达 750 μV。脑电波中的 α 波,波幅 20~100 μV,安静闭目时出现;β 波,波幅为 5~20 μV,一般情况下代表大脑皮质处于兴奋状态;而波幅范围为 100~150 μV 的 θ 波,则在深度麻醉、缺氧或困倦时会出现;清醒状态下不会出现 δ 波,它的出现提示成人睡眠状态、深度全麻及缺氧等。

11. 脑电功率频谱是什么?

脑电功率频谱是以频率为横坐标,脑电功率为纵坐标绘制的图谱。反映脑皮质电活动,与睡眠、意识及麻醉深度密切相关,随意识状态同步变化。对其进行监测分析使得脑电图用于监测麻醉深度成为可能。

12. 脑电功率频谱监测原理是什么?

脑电功率频谱是通过频谱分析技术采取傅里叶分析方法,对原始脑电信号进行综合的数学分析和处理。监测时首先需要将原始脑电信号通过数学分析分解成数个正弦波,这些正弦波振幅各不相同,将数量化的频率和振幅经傅里叶转化成为频率-功率(振幅的平方)关系。以频率为横坐标,脑电功率为纵坐标,绘制脑电功率频谱。对其进行分析,把时域信号转化成频域信息,波幅被转换为脑电功率随频率的变化,来取代之前随时间变化的脑电波形。

13. 如何得到脑电功率频谱?

首先确定原始脑电图采样单元的长度(根据不同目的长度可以为 2 秒至数分钟),进行脑电信号采样。用于诊断时采样时间不宜过短以防误诊,同时需排除伪差。用于监测时,单元长度常为 2~4 秒,以获得近似实时信号。需要与基础值进行比较时,采用较长单元并尽可能压缩时间刻度。采样后通过无失真的模数变换对单元内原始脑电图进行数字化处理,采用快速傅里叶变换对数字化的脑电图资料进行处理,以波幅的平方显示图谱。

14. 脑电功率频谱的重要指标?

边缘频率(spectral edge frequency,SEF)占全部功率的 90% 或 95%、中位频

率(恰好位于总功率中位数的频率)、平均频率(以此频率为中点,双侧功率各占一半)、不对称性(左右大脑半球各导联总功率与各频带下功率变化的对称度)、δ比率(反映慢快波成分之比)及相干性(2个导联脑电振幅、频率和相位变化趋势的一致性)。

15. 脑电功率频谱如何反应全身麻醉深度?

根据频谱功率在不同频率的分布转移判断麻醉深度的改变。镇静程度加深时脑电频率变慢,波幅变大,高频成分减少,低频成分增加。深麻醉或脑缺血时慢波成分较多。SEF对麻醉诱导时脑电快波活动敏感,因此可通过边缘频率判断插管时机及麻醉深度。麻醉深度增加时 SEF 逐渐减小,麻醉减浅时 SEF 逐渐增大。

16. 什么是脑电双频指数?

脑电双频指数(bispectral index,BIS)是在脑电功率谱分析的基础上通过对脑电函数谱的分析处理,将频率中高阶谐波相互关系进行分析,定量测量 EEG 信号频率间位耦合量值。BIS 可反映脑的功能状态及麻醉镇静深度的变化。

17. 脑电双频谱分析原理是什么?

脑电双频指数(bispectral index,BIS)的分析是先将脑电信号分解为 2~4 秒的数个时间单元,通过傅里叶变换将信号转换为频率范围函数。应用非线性相位锁定原理将原始脑电波逐级回归分析,测定 EEG 频率、功率的同时分析各成分波之间的非线性关系即相位、谐波。处理之后的数据可尽量排除脑电信息干扰。

18. BIS值大小的临床意义是什么?

脑电双频指数值可很好地反映镇静水平,范围为 0~100。清醒状态下,其值多在 85 分以上,完全清醒时为 100。皮质静止时其值为 0,数值越小,镇静深度越深。低于 30 提示爆发性抑制增强,全麻状态下其值一般为 40~65,既能抑制应激反应,血流动力学又能平稳。

19. BIS值能反应麻醉镇痛吗?

脑电双频指数对镇痛水平的监测不敏感,其对镇痛水平的反应取决于使用的药物,使用大剂量阿片类药物镇痛时其值与镇痛水平无明显相关。

20. 相同的 BIS 值代表的麻醉深度是否一样？

脑电双频指数的局限性在于其阈值受不同麻醉药联合应用影响较大，因此使用不同组合的药物进行麻醉可获得相似的 BIS 值，但代表的麻醉深度可能不同。

21. BIS 可用于何种麻醉下的麻醉深度？

脑电双频指数监测的意义与麻醉用药方式密切相关，尤其适用于中小剂量阿片类镇痛药物下的静吸复合麻醉。BIS 监测与麻醉药相关，能客观反映镇静催眠药对大脑皮质的抑制，与丙泊酚、依托咪酯、硫喷妥钠等有较好相关性，其中与丙泊酚相关性最好。对于一些特殊的麻醉方法，其值不能代表麻醉深度，比如应用氯胺酮及氧化亚氮的麻醉，其麻醉加深 BIS 值可能不降反升，此时监测 BIS 意义不大。

22. 影响 BIS 的主要因素有哪些？

影响脑电双频指数的主要因素分为生理性及非生理性。生理性因素主要有肌肉运动、心电信号、动脉搏动、血压、性别等；非生理性因素如术中使用双极电刀、电极位置等。如监测过程中肌电图干扰、神经阻滞、起搏器植入、鼻窦手术及神经外科手术、严重的颅脑损伤或痴呆等均可影响 BIS 值。

23. 什么是听觉诱发电位？

听觉诱发电位（auditory evoked potential，AEP）是指对听觉感受器施加刺激，在中枢神经系统及部分周围神经相应部位放置检测电极检测出该刺激诱发的电活动。其特征是电活动与刺激具有明显的锁时关系，重复刺激产生的波形振幅具有高度一致性，稳定性好。

24. 什么是听觉诱发指数？与听觉诱发电位的区别是什么？

通过数学方法对听觉诱发电位的波形进行指数化，形成听觉诱发指数（AEPindex，AAI），以此反映 AEP 波形中与麻醉深度相关特性，代替以往用波幅及潜伏期描述 AEP。听觉诱发指数不仅可监测麻醉的镇静效果，还可监测手术伤害性刺激引起的疼痛和体动等。AAI 是 AEP 形态的量化指标，范围从 100（清醒）到 0（深度镇静），术中维持推荐 AAI 维持 15～25 范围。

25. 听觉诱发指数在麻醉中的主要优势是什么？与 BIS 监测有何不同？

听觉诱发指数在意识状态不同时数值完全不同，无重叠性，因此其是预测体动的可靠指标,在应用大剂量镇痛药时尤具优势。听觉诱发指数能提供感受性伤害、镇静、镇痛等多种信息。脑电双频指数只监测镇静深度,相同数值意识状态可能不同,如果伤害性刺激被阻滞,只需要监测镇静深度,可选择 BIS,但如伤害性刺激未被阻滞,单纯选择 BIS 进行麻醉监测会因伤害性刺激提高患者意识水平,引起患者术中知晓、体动。

26. 听觉诱发电位的原理是什么?

听觉诱发电位主要是以听觉诱发指数来反映。主要通过移动时间平均模式(MTA)及外因输入自动回归模式(ARX)2 种模式计算 AEP 指数。2 种模式均为通过计算公式获得。MTA 具有不能有效获取中潜伏期听觉诱发电位(MLAEP)的完整信息、耗时长等缺点,因此不能及时反映麻醉深度。ARX 则耗时短,可以在 2~6 秒内获得完全更新的 AEP 指数值,因此更接近实时监测。

27. 听觉诱发电位波形有哪几部分?

听觉诱发电位(auditory evoked potential,AEP)反映耳蜗到皮质的由 11 个波组成的电活动。主要包括 3 个部分:脑干听觉诱发电位(brainstem auditory evoked potential,BAEP):接受刺激后 10 毫秒内出现;中潜伏期听觉诱发电位(midlatency auditory evoked potentials,MLAEP):10~100 毫秒内出现;长潜伏期听觉诱发电位(long latency auditory evoked potentials,LLAEP):100 毫秒后出现。BAEP 常用于脑干手术神经功能监测,MLEAP 较适用于麻醉深度监测,LLAEP 与意识密切相关,因其高度敏感,小剂量麻醉药物作用下即可完全消失。

28. 什么是脑电熵指数?

脑电熵指数是全麻术中对中枢神经系统抑制程度监测的参数。通过熵运算公式及频谱熵处理原始脑电图及额肌肌电图算出的数值。熵指数能准确识别爆发性抑制,变异小,稳定性高。分为反应熵(脑电图及额肌肌电图整合值)及状态熵(单纯通过脑电图计算所得)。

29. 脑电熵指数与麻醉深度的关系?

脑电熵指数与麻醉深度成反比,麻醉越深,值越小;麻醉深度越浅值越大。可用于指导麻醉药用量,实现麻醉药物个体化给药。

30. 脑电熵监测参数有哪些？

参数有 3 个：反应熵（response entropy，RE）、状态熵（state entropy，SE）及爆发抑制率（burst suppression ratio，BSR）。RE 是快速反应参数，可明确患者对外部刺激的反应，如插管、手术刺激等。SE 可用于反应麻醉药物的镇静催眠的情况。BSR 最常用 1 分钟内 EEG 抑制部分占全部脑电百分比表示，故熵值降低则 BSR 增高。

31. 满意的全身麻醉下脑电熵指数的值控制在什么范围比较合适？

反应熵和状态熵在 40～60 范围内，术中记忆可能性极小，其值为 0 时表示大脑皮质电活动抑制。满意的麻醉状态应维持在此范围内。在全麻期间，如果麻醉适宜，RE 和 SE 相等。

32. 如何根据脑电熵监测调整麻醉深度？

当状态熵范围超出 40～60 时，需要对镇静药物剂量进行相应调整，高于 60 应增加镇静药物剂量，低于 40 可适当减少镇静药物用量。如状态熵（state entropy，SE）范围在 40～60 内，但反应熵（response entropy，RE）高出 SE 10 个数值及以上提示可能需要追加镇痛药物。

33. 脑氧饱和度是什么？

脑氧饱和度是测量局部脑组织、动脉和静脉血液中的混合血氧饱和度。主要反映的是脑部静脉血氧饱和度。

34. 脑氧饱和度监测需要用到什么仪器？工作原理是什么？

需用脑氧饱和度检测仪监测脑氧饱和度。其工作原理是发光二极管发出的近红外光进入额部后反射、散射及吸收，此过程中近红外光为弧形路径，最后被置于额部的传感器上的光电探测器检测到，通过测量不同光子穿过易感组织的时间不同来估算绝对氧含量、组织缺氧程度及总血红蛋白量，从而计算出局部组织脑氧饱和度。脑氧饱和度与血氧饱和度一样，都是利用氧合血红蛋白与还原血红蛋白对近红外光谱吸收不同的特性来获得。

35. 脑氧饱和度的临床意义有哪些？

脑氧饱和度主要反映的是脑部静脉血氧饱和度。能够直观反映脑氧供需平衡变化,具有无创、简便、灵敏、迅速、实时性的特点。研究发现,脑氧饱和度低于60%与术后 7 天以后神经功能障碍(postoperative delirium,POD)的发生率相关。脑氧饱和度还可用于指导体外循环下血液稀释时是否需要输注红细胞悬液。

36. 在什么情况下需要进行脑氧饱和度监测?

高危手术如大动脉手术、心脏手术、单肺通气手术、移植手术等进行脑氧饱和度监测,可使患者受益。脑血管疾病高危人群可进行脑氧饱和度监测。可指导早产儿及新生儿的吸氧时间及浓度,避免损伤。

37. 影响脑氧饱和度监测的因素有哪些?

影响因素包括:操作方法、患者病理生理情况、吸入氧浓度、二氧化碳分压、颅骨密度、探头位置间距及患者肤色等。

(张晓庆　张毓文　刘健慧)

参考文献

[1] 赵嘉训.麻醉设备学[M].北京:人民卫生出版社,2011.
[2] 原著 Ronald D. Miller.米勒麻醉学[M].北京:北京大学医学出版社,2011.
[3] 郭曲练,姚尚龙,王国林,等.临床麻醉学[J].北京:人民卫生出版社,2011.
[4] 陈孝平,汪建平,赵继宗.外科学[M].北京:人民卫生出版社,2018.

第五章

肌肉松弛监测仪器

1. 非去极化骨骼肌肉松弛药及其拮抗药的原理是什么？

非去极化肌肉松弛药作用机制是阻滞乙酰胆碱与受体结合，从而阻止激动剂（如乙酰胆碱）的去极化作用。神经肌肉松弛拮抗药，在人体中通过抑制乙酰胆碱水解来达到预期效果。未降解的乙酰胆碱，在人体之中能够有效地与非去极化肌肉松弛药竞争，从受体上取代后者，并拮抗其作用。

2. 去极化骨骼肌肉松弛药拮抗药的原理是什么？

去极化肌肉松弛药分子结构和乙酰胆碱非常接近，和神经肌肉接头后膜胆碱受体之间具备相对较强的亲和力，同时难以被胆碱酯酶分解，因此可以产生和乙酰胆碱较为接近但是持续时间较长的去极化功能，这也会让接头后膜 NM 胆碱受体，无法对于乙酰胆碱产生相应的反应，在此基础上使骨骼肌肉松弛。

3. 肌肉松弛残余是什么？

肌肉松弛残余，通常是指使用肌肉松弛药的病患，手术完成后拔除气管导管，存在残存的神经肌肉阻滞效应，当前主要是以 4 个成串刺激（train of four stimulation，TOF）比值<0.9 作为肌肉松弛残余的诊断标准。

4. 肌肉松弛残余其危害有哪些？

肌肉松弛残余的危害有：病患出现呼吸肌乏力，肺泡有效通气量不足，造成低氧以及高碳酸血症等问题；咳嗽乏力，难以通过咳嗽顺利排出气道的分泌物，因此而导致了肺炎等并发症；咽喉部存在肌肉乏力的问题，因此而造成了上呼吸道的梗阻现象，导致机体的吞咽功能存在异常问题，进而反流误吸的概率大幅度提升；术后恢复时间、麻醉复苏室停留时间和住院时间延长，患者治疗费用增加和医疗资源的周转率下降。

5. 什么是肌肉松弛效应监测？

现在应用于临床，检测肌肉松弛药引起的神经肌肉功能变化的是神经肌肉功能监测仪。这是用周围神经刺激器刺激神经，诱发该神经支配的肌肉收缩效应，评定肌收缩力或与肌收缩过程有关肌力的信息变化。该过程就称为肌肉松弛效应监测。

6. 临床麻醉中运用肌肉松弛监测仪监测肌肉的恢复情况，其临床意义是什么？

主要有下述 4 点：

（1）因为存在显著的个体差异，肌肉松弛监测仪的有效运用，能够实现肌肉松弛药剂量个体化。

（2）抬头、握力以及伸舌等观察指标，容易受到其他因素干扰，难以定量判断肌肉松弛的具体恢复状况，依靠监测设备可以令相关指标更为客观化。

（3）使用监测仪有助于医生在插管与手术过程中判定肌肉松弛药是否需要追加以及追加剂量和时机。

（4）有利于进行深麻醉状态下拔管，从而令麻醉过程更加舒适。

7. 肌肉松弛监测仪的基本结构、基本原理是什么？

神经肌肉功能监测仪主要由两部分组成：即周围神经刺激器和诱发肌收缩效应的显示器。周围神经刺激器实质上是一种特定的电脉冲发生器。不同的刺激频率与不同的刺激时间组合成不同的刺激模式，不同的刺激模式具有不同的临床意义。显示刺激神经所诱发的肌收缩效应可以有多种不同的方法。但其共同点是收集与肌收缩效应有关的信息，再将其转化为电信息后经放大，整流再经计算器分析和处理，然后把结果显示出来。

8. 神经刺激器的作用是什么？

周围神经刺激器实质上是一种特定的电脉冲发生器。其基本脉冲是波宽为 0.2～0.3 毫秒的单向矩形波。连续输出时常用的基本频率有 0.1 Hz、1.0 Hz 和 50 Hz 3 种。这 3 种不同频率与不同的刺激时间组合成不同的刺激模式，不同的刺激模式有不同的临床意义。脉冲的波幅反映刺激强度，调节刺激强度可通过调节电流或调节电压，但神经肌肉兴奋传递是电流变化，因此刺激强度现均用调节电流的方法。周围神经刺激器的经皮刺激强度的电流调节范围为 0～60 mA，最高不超过 80 mA。

9. 如何选择电刺激模式？

结合临床需求转换电刺激模式，不仅可以确保人体安全，还可达到检测肌肉松弛的目的。如麻醉诱导时常选用单刺激(single stimulus, SS)和 4 个成串刺激(train of four stimulation, TOF)，以了解肌肉松弛程度并评估恢复期；中度阻滞与恢复期间选用 TOF 监测；深度阻滞则采用强直刺激后计数(post-tetaniccountstimulation, PTC)；在恢复室患者应用 TOF 和双重爆发刺激(double-burst stimulation, DBS)观察术后肌肉松弛残余现象。

10. 什么是超强刺激电流？

单根神经纤维，对所受刺激做出的反应为全或无模式。肌肉反应(收缩力)由受刺激的肌纤维数来决定。若是刺激作用于某一神经，同时该刺激足够强烈，该神经支配下的全体肌纤维均会被激动，而产生最大反应。使用神经肌肉阻滞剂后，肌肉反应所出现的下降和受阻滞纤维数之间呈正相关。因此，刺激强度保持恒定的情况下，反应的减弱可用于判断具体的阻滞程度。电刺激强度通常比正常反应所需的刺激至少大 15%～20%，称之为超强刺激。

11. 电刺激方式有哪些？

在对患者进行肌肉松弛监测时，可根据神经肌肉阻滞性质、程度及阻滞后的恢复过程选用不同的电刺激方式。电刺激方式有：单次颤搐刺激、强直刺激、四个成串刺激、强直刺激后计数、双重爆发刺激。

12. 单次颤搐刺激是什么，有哪些优缺点？

神经刺激器产生单次刺激输出方波，刺激 10～20 s/次，常用的频率为 0.1～1.0 Hz，电流为 40～65 mA，波宽为 0.2 毫秒。肌肉松弛程度表示方法：用药后的测量值与参照值的百分比，表示神经肌肉阻滞程度。

单次颤搐刺激的优点是简单，患者不适感轻，可以反复测试。其缺点是反应强度依赖于给予的刺激频率，因此不同频率的刺激所得结果之间无法相比较。只能监测神经肌肉的阻滞程度，不能判断阻滞性质。

13. 强直刺激是什么？

强直刺激由发送非常快（如 30、50 或 100 Hz）的电刺激组成。临床实践中最常用的模式是持续 5 秒的 50 Hz 刺激。除了与强直后计数的方法有联系以外，强直刺激在日常临床麻醉中极少应用。

14. 强直刺激有哪些优缺点？

强直刺激的优点是可以判断神经肌肉阻滞程度及性质。但强直刺激极其疼痛，这限制了其在未麻醉患者中的应用。而且特别是在神经肌肉恢复后期，强直刺激会引起对被刺激肌肉中神经肌肉阻滞的持久对抗，这样测试部位的反应将不再代表其他肌群。

15. 什么是 4 个成串刺激（TOF）？

4 个成串刺激（train of four stimulation，TOF）是目前临床应用最广的刺激方式，即 4 个连续的矩形波为一组（串）的刺激波，强度为超强刺激（通常情况下实际参数是 40~60 mA），波宽的具体参数是 0.2~0.3 毫秒，频率的具体参数是 2 Hz，每组刺激持续时间 2 秒，刺激间隔为 12 秒，记录肌颤搐强度。

16. 临床以 4 个成串刺激（train of four stimulation，TOF）比率恢复至多少作为神经肌肉传递恢复的指标或全麻后拔管的指征？

为了排除有临床意义的残余神经肌肉阻滞，机械测定或用肌电图测定的 TOF 比值必须超过 0.9，用肌肉加速度图测定的 TOF 比值必须超过 1.0。

17. 什么是强直刺激后计数（post-tetanic count，PTC）？

深度非去极化阻滞的情况下，4 个成串刺激和单次颤搐刺激监测值是 0 的无反应阶段，1 Hz 的单次颤搐刺激作用 60 秒，此后再 50 Hz 强直刺激 5 秒，3 秒之后再次单次颤搐刺激（1 Hz）作用 16 次，强直刺激之后所记录的单一颤搐反应次数为 PTC，PTC 次数越少则意味着阻滞越深。

18. 强直刺激后计数的优缺点有哪些？

应用舒更葡糖钠用于逆转深度或极深度阻滞时，其剂量取决于阻滞水平。这时可用 PTC 来对阻滞深度进行定量。对 PTC 刺激的反应主要取决于神经阻滞程度，也取决于强直刺激的频率和持续时间、在强直刺激结束与第一个强直后刺激之间的时间长短、单刺激的频率及可能强直刺激前单刺激的时间长短。因此,用 PTC 时必须确保这些变量不变,而且因为在被监测手部 PTC 刺激和实际神经肌肉阻滞之间的干扰,进行强直刺激的间隔时间最好不少于 6 分钟。

19. 强直刺激后计数相较 4 个成串刺激而言,有什么优势?

PTC 的优势在于:① 可测定比单刺激或 TOF 无肌颤搐时更深的肌肉松弛程度。PTC 计数为 1~2 时,患者可能有微弱咳嗽,要完全抑制咳嗽,PTC 应为 0。② PTC 可以用来估计单刺激或 TOF 肌颤搐出现时间。如 PTC 为 10,患者即将出现 T1。当 PTC 为 1 时,若使用的是泮库溴铵,则 T1 将会在大约 0.5 小时后出现,若是维库溴铵或阿曲库铵,则 T1 将在约 8 分钟后出现。如若强直刺激后没有出现肌颤搐,表明肌肉松弛已经很深,此时应用肌肉松弛拮抗药是无效的。

20. 什么是双重爆发刺激? 其优缺点有哪些?

双重爆发刺激(double-burst stimulation,DBS),由两组短时的强直刺激所构成,两组刺激时间间隔为 750 毫秒,每组脉冲间的时间间隔 20 毫秒,超强刺激电流的具体参数是 50 mA,亚强刺激电流的具体参数是 20~30 mA。DBS 常用于检出残余神经肌肉阻滞,DBS 刺激后两组肌肉收缩反应明显,但是不适感较强。

21. 较深度肌肉松弛的刺激模式选择哪种? 为什么?

较深度肌肉松弛的刺激模式可选择强直刺激后计数。因为使用 TOF 时,当没有刺激反应时,仍可能存在膈肌运动的风险。PTC 刺激用于判断肌肉的深度阻滞状况,能够确保膈肌处于完全麻痹的状态。所以需要较深度肌肉松弛时可选择 PTC 的刺激方式。

22. 肌肉松弛监测对于重症肌无力患者来说有什么好处?

胸腺切除术是治疗重症肌无力患者的推荐治疗方法之一。重症肌无力患者的麻醉管理正在发生变化。既往研究认为,重症肌无力患者对非去极肌肉松弛药十分敏感应视为禁忌。但有研究发现,该类患者术中不使用肌肉松弛药物,并不会给患者带来额外的好处,而使用罗库溴铵和舒更葡糖钠不会增加患者胸腺切除术后呼吸并发症,且可减少其他药物使用量以及避免术中体动。因此,在肌肉松弛监测的条件下,可间断使用短效非去极化肌肉松弛药。

23. 肌肉松弛监测仪的检测方法有哪些？

随着临床工作中肌肉松弛药的广泛应用，各种肌肉松弛监测手段应运而生，如肌机械描记法（mechanomyography，MMG）、加速度描记法（acceleromyograph，AMG）、肌电描记法（electromyography，EMG）、肌音描记法（phonomyography，PMG）等多种描记方法。

24. 为什么拇内收肌监测不能反映所有肌肉的肌肉松弛状态？

肌肉松弛药在实际运用过程中的肌肉松弛顺序为：最开始是眼睑肌以及眼球外肌，接着是颜面肌肉、喉部肌肉、颈部肌肉，然后是上肢肌肉、下肢肌肉，再出现腹肌、肋间肌肉松弛，最后是膈肌，率先松弛的肌肉最后恢复到正常状态。因此，拇内收肌监测不能反映所有肌肉的松弛状态。

25. 什么是强直后易化？

在神经肌肉进行非去极化阻滞时，神经肌肉对强直刺激反应出现衰减现象。在非去极化阻滞应用强直刺激后，再给予单次颤搐刺激，由于乙酰胆碱合成和释放显著加快，肌肉颤搐反应幅度增高可超过强直刺激前，称为强直后易化。

26. 什么是肌机械描记法？MMG 的优缺点是什么？

肌机械描记法（mechanomyography，MMG）通过肌力传感器测量拇内收肌等长收缩肌力，测量得到的 TOF 指标准确度高，是肌肉松弛监测的"金标准"。由于 MMG 型的监测仪在使用前需要较为繁琐的设置，且设备价格昂贵，因此主要为了科研目的而开发，不再作为商业生产。

27. 什么是加速度描记法？加速度描记法的优缺点是什么？

加速度描记法（acceleromyograph，AMG）以牛顿第二定律为基础，将加速度传感器与电极放置于拇指以及腕部的神经上，在肌肉受到刺激，发生收缩的情况下，传感器感知的信号强弱与肌肉收缩幅度之间呈正相关。该方法测量结果稳定性较 EMG 型监测仪差，优点是传感器不易受外界干扰，不需预置前负荷，人-机连接比较简单、操作比较方便、体积较小，因此该检测方法常用于肌肉松弛监测的产品中。

28. 加速度描记法的反向消退现象是什么？

在肌肉松弛药使用前，加速度描记法（acceleromyograph，AMG）测定得出的 T4 与 T1 比值大于 1，即 4 个成串刺激比值（train of four stimulation ratio，TOFr）>1.0。因此，用 AMG 排除残余阻滞时，TOFr 目标必须至少为 1.0 来排除残余阻滞。

29. 什么是肌音描记法？其优缺点是什么？

肌音描记法（phonomyography，PMG）是指肌肉收缩导致肌纤维产生横向动作，这种运动可发出低频声音，声音强度和收缩力之间呈正相关。利用此原理，PMG 采用电容式麦克风测定肌肉收缩发出的声音。喉内收肌、眼轮匝肌、皱眉肌是肌机械描记法（mechanomyography，MMG）无法监测的。而 PMG 除了适用于外周肌群以及中央肌群外，还可监测上述肌群。该方法与"金标准"MMG 相比较时，两者获得的结果一致性较好。PMG 容易受到术中电刀信号以及血流信号的干扰。

30. 什么是肌电描记法（EMG）？其优缺点是什么？

肌电描记法（electromyography，EMG）是指记录外周神经受到刺激引发的复合动作电位，一般记录尺神经支配的肌肉，通常从大鱼际或小鱼际突起或第一掌背侧骨间肌获得，活性电极置于肌肉的运动点上方更适宜。结果以对照的百分比或 TOF 比值显示。测量时易受电气干扰或环境温度影响，以及很难确定电极的最佳放置位置，因此结果并不总是可靠。但由于测量肌肉的电活动，因此肌肉无须要求固定或可自由活动。

31. 评价肌肉松弛效应时，可监测的肌群有哪些？

目前可以监测的肌群有：拇内收肌、咬肌、喉内收肌、膈肌、皱眉肌、眼轮匝肌、口轮匝肌、腹部肌群、足部肌群、胸锁乳突肌等。

（程翅 王海英）

参考文献

[1] Michael A. Gropper, 邓小明, 黄宇光, 等. 米勒麻醉学[M]（第 9 版）. 北京：北京大学医学

出版社,2021.
[2] 黄诗倩,夏海发,姚尚龙,等.全身麻醉后肌肉松弛残余的研究进展[J].临床麻醉学杂志,2020,36(12):1226-1228.
[3] 罗珺涵,叶继伦,张旭.围术期肌肉松弛监测的研究[J].中国医疗器械杂志,2020,(3):231-235.

第六章

医学气体监测仪器

1. 什么是医学气体监测?

医学气体监测是采集患者呼出气体,用仪器分析其中与患者病理和临床呼吸管理有关的气体含量,指导医学干预的检测技术。

2. 医学气体监测的意义是什么?

呼气末氧气、二氧化碳监测可以指导人工通气管理。吸入麻醉气体浓度监测可以防止麻醉过深、术中知晓等并发症。氧浓度监测可以提前发现氧气供应故障,避免不良事件发生。因此医学气体监测可以提高围术期管理的安全性和科学性。

3. 医学气体应用在麻醉领域的简要发展史是怎样的?

普利斯特列在1771年制造出氧气,1772年制造出了氧化亚氮,氧化亚氮就成为第一种吸入麻醉药:笑气。后来又有人发现乙醚也可以产生笑气的效果。

4. 目前麻醉相关的气体有哪些?

有生理气体和麻醉气体2类。生理气体主要包括氧气、二氧化碳。麻醉气体包括气体麻醉剂(如氧化亚氮)和各种挥发性吸入麻醉药(如氟烷、安氟烷、异氟醚、七氟醚、地氟醚等)。

5. 什么是主流式气体采集?

检测传感器位于患者气道出口处,直接测量通过的呼吸气流。

6. 什么是旁流式气体采集?

检测传感器位于气体监测仪内,在患者气道出口处接采气三通管,采气泵持续采集患者的呼吸气体送入监测仪完成检测，是目前最常用的一种方式。

7. 什么是截流式气体采集？

在旁流式采集技术的基础上，于呼气末阻断麻醉回路与患者气道的连接，采集患者肺泡气体完成检测。

8. 气体分析技术有哪些？

电化学、气相色谱、红外线、质谱、顺磁等分析技术，其他技术（气敏半导体、拉曼散射和光干涉等技术等）。

9. 什么是电化学分析技术？

电化学分析技术，是根据物质在溶液中的电化学性质不同而采用的一类仪器分析方法，利用物质的化学性质，测定化学电池内的电位、电流或电量变化进行分析的方法。许多电化学分析法既可定性，又可定量；既能分析有机物，又能分析无机物，并且许多方法便于自动化，可用于生产等各个领域。

10. 什么是顺磁分析技术？

顺磁分析技术是利用磁场中具有极高顺磁性的原理测量气体含量的技术。能够传导磁力并增强周围磁场的物质称为顺磁物质。与临床麻醉相关的气体中，只有氧气属于顺磁气体，使得顺磁测氧技术具有较大的特异性。

11. 什么是红外分析技术？

具有 2 个以上不同元素的气体分子（如 N_2O、CO_2 及卤素麻醉气体）都具有特定的红外线吸收光谱，吸光度与吸光物质的浓度成比例，即特定波长红外线透射强度与相关气体含量成反比。常见医学气体的红外吸收光谱通常采用 4.3 μm 波长的红外线检测 CO_2，采用 3.3 μm 波长的红外线检测吸入麻醉药。而无极性的 O_2、N_2、He 不吸收红外线，不能采用红外技术测量。

12. 什么是气相色谱分析技术？

色谱分析技术是利用不同物质的性质和结构差异，与固定相作用不同，使不同的物质得以分离的技术，其中气相色谱技术是色谱技术的一种。色谱技术中有两个相：一个相是流动相，另一个相是固定相。如果用液体作流动相，就叫液相色谱；用气体作流动相，就叫气相色谱。

13. 质谱仪分类有哪些？

质谱仪分类有四极质谱仪和磁选择质谱仪 2 种。

14. 四极质谱仪检测器原理是什么？

四极质谱仪检测器原理是：在四根平行电极形成的静电场中，绝大多数气体离子被电极捕获，不能到达靶电极。但改变电场参数后，可允许具有一定质荷比的离子到达靶电极。连续改变电场参数即可允许不同质荷比的气体离子分别到达靶电极，靶电极即可产生的电信号，其信号强度与检测气体浓度成比例，据此可以鉴别混合气体的不同成分，并检测各种气体含量。

15. 磁选择质谱仪原理是什么？

磁选择质谱仪是利用磁场改变气体离子的运行轨道，设置多个靶电极，可以同时鉴别并检测多种已知气体的成分。

16. 拉曼光谱分析技术是什么？

拉曼光谱是一种散射光谱。拉曼光谱分析技术是基于印度科学家拉曼所发现的拉曼散射效应，是对与入射光频率不同的散射光谱进行分析以得到分子振动、转动方面信息，并应用于分子结构研究的一种分析方法，靠近瑞利散射线两侧的谱线称为小拉曼光谱。

17. 压电晶体分析技术是什么？

压电晶体在极间电压的作用下，会产生一定频率的振荡，振荡频率与晶体物理特性、电极板质量和极间电压相关。在晶体极板上涂覆脂质层，当脂质层与麻醉药蒸气接触时会吸附麻醉药蒸气使其质量发生变化，引起晶体振荡频率偏移，频率偏移量与混合气体中麻醉蒸气浓度成比例。

18. 什么是光干涉分析技术？

光干涉方法是利用光干涉原理而设计成的一种物理方法。光的干涉是若干个光波（成员波）相遇时产生的光强分布不等于由各个成员波单独造成的光强分布之和，而出现明暗相间的现象。

19. 医学气体监测的影响因素有哪些？

气体采集方法、海拔高度、大气压、水蒸气、仪器漂移和其他临床影响因素（如采气管道积水、扭曲、呼吸频率过快等）。

20. 气体采集方法如何影响监测结果？

来自不同部位的气体检测结果具有不同的临床意义。例如，麻醉回路内的氧气浓度表示麻醉机氧气供给情况，但其不能代表患者肺内的氧气水平；麻醉机共同气体出口输出的麻醉气体浓度可以检验麻醉蒸发器的输出精度，但不一定等于患者的吸入浓度；吸入气二氧化碳浓度可以判断有无重复吸入，但不能说明控制通气水平在正常范围。尽管技术上可以在患者和麻醉机的任何部位采集气体进行检测，但最能反映患者生理状态和麻醉管理水平的是患者的呼气末气体和肺泡气体。监测气体的采集有主流、旁流和截流 3 种方法。由于无效腔气的影响，主流和旁流呼气末气体检测值总是低于动脉血气分析结果。在严重通气不足或呼吸道不全梗阻情况下，尽管患者肺内为二氧化碳蓄积状态，但由于肺内二氧化碳不能充分排出，主流和旁流采气的检测结果都会提示低二氧化碳，与临床情况完全相反。而截流采气检测结果能够避免这种影响，检测值非常接近血气分析结果。

21. 海拔高度和大气压如何影响监测结果？

大气压随海拔的升高而降低，随着大气压的降低，相同分压的气体浓度逐渐升高。此外，气温、湿度、季节等气象条件也可以影响大气压的数值。我国幅员辽阔，气候多变。内陆地区冬季气压高，夏季低。而高原地区则相反，大气压年变化达 20 mmHg 以上，所以，医用二氧化碳监测仪器应具备实时测量大气压的功能，不然难以保证动脉血-肺泡气二氧化碳分压差换算的准确度。

22. 水蒸气如何影响监测结果？

患者呼出气体为 37℃ 水蒸气饱和的湿润气体，其饱和蒸气压为 47 mmHg（6.3 kPa）。水蒸气红外线吸收带与 CO_2 和麻醉气体部分重叠，会干扰测定，还会污染检测室，严重影响测量值。

23. 仪器漂移如何影响监测结果？

环境温度和电气材料老化可以影响电子器件，使得电子测量电路的精确度缓慢发生变化，此现象称为漂移（drift）。结果常用单位时间内的最大偏离量来衡量。

漂移是由包括检测器在内的电路系统及环境条件造成。这种变化可以造成仪器的准确度和稳定性降低，从而引起系统误差。

24. 采气管如何影响监测结果？

采气管道积水、扭曲、过滤膜污染阻力增大等因素都会造成采气流量降低，气体在采气管内发生纵向扩散，会导致波形拐点模糊，甚至波形低小，测量值偏低。

25. 呼吸频率如何影响监测结果？

呼吸频率太快，吸呼比大于1∶1，呼气时间太短，都会影响呼末气体的测量数值。

26. 高浓度氧如何影响监测结果？

高浓度氧气可以加宽 CO_2 的红外线吸收带，使测量值偏低。

27. 强电磁波如何影响监测结果？

气体监测仪附近的强电磁波可以干扰仪器，影响气体测量值。

28. 呼气末二氧化碳名字的由来？

由于在呼气起始（呼末二氧化碳上升支）代表气管和支气管内的气体呼出过程，这部分气体属于死腔一部分，不能代表肺泡内 CO_2 分压水平，只有在呼气末才是肺泡内气体呼出气道的过程，故命为呼气末二氧化碳，经过传感器测得的数值为呼末二氧化碳（End-tidal carbon dioxide，$ETCO_2$）。CO_2 波形的频率即为呼吸频率。

29. 呼末二氧化碳监测的生理原理是什么？

组织细胞代谢产生二氧化碳，经毛细血管和静脉运输到肺，呼气时排出体外，在产生、运输和排出过程中的任何环节发生障碍，均可使 CO_2 在体内潴留或排出过多，并造成不良影响。因此，体内二氧化碳产量、肺泡通气量和肺血流灌注量三者共同影响肺泡内二氧化碳分压。CO_2 弥散能力很强，极易从肺毛细血管进入肺泡内，肺泡和动脉血 CO_2 很快完全平衡，且无明显心肺疾病的患者 V/Q 比值正常，最后呼出的气体应为肺泡气，一定程度上，$P_{ET}CO_2 \approx PACO_2 \approx PaCO_2$，所以临床上可通过测定 $P_{ET}CO_2$ 反映 $PaCO_2$ 的变化。

30. ETCO$_2$ 监测的物理原理是什么？

CO$_2$ 监测仪可根据不同的物理原理测定呼气末 CO$_2$，包括红外线分析仪、质谱仪、拉曼散分析仪、声光分光镜和化学 CO$_2$ 指示器等，而最常用的 CO$_2$ 监测仪是根据红外线吸收光谱的原理设计而成的，因 CO$_2$ 能吸收特殊波长的红外线（4.3 μm），当呼吸气体经过红外线传感器时，红外线光源的光束透过气体样本，光束量衰减，且衰减程度与 CO$_2$ 浓度呈正比。红外线检测器测得红外线的光束量，最后经过微电脑处理获得 P$_{ET}$CO$_2$ 或呼气末二氧化碳浓度（C$_{ET}$CO$_2$），以数字（mmHg 或 kPa 及％）和 CO$_2$ 图形显示。红外线 CO$_2$ 监测仪中还配有光限制器、游离 CO$_2$ 参考室及温度补偿电路等，使读数稳定，减少其他因素干扰。依据气体的采样方法不同，CO$_2$ 监测仪可分为旁流型（side stream）和主流型（main stream）2 种。

31. P$_{ET}$CO$_2$ 的影响因素有哪些？

① 调零和定标：使用前应常规将采样管通大气进行调零，使基线位于零点，同时应定期用标准浓度 CO$_2$ 气体定标，以保证测定准确性；② 回路气体损失：在循环紧闭呼吸回路内气流速度很慢时，用旁流型方法采样后，回路内气体损失可达 100 mL/min；③ 漏气和气体混杂：采样管漏气或经鼻采样，可能混杂空气，样本稀释，结果可使测定的 P$_{ET}$CO$_2$ 值偏低；④ 呼吸频率影响：呼吸频率快时，呼气不完全，肺泡气不能完全排出，呼出气不能代表肺泡气；特别是当监测仪反应时间大于患者呼吸周期时，都可致对 P$_{ET}$CO$_2$ 监测值偏低；⑤ 通气不足：通气不足时，呼气流速减慢，如低于采样气体流速，则 P$_{ET}$CO$_2$ 偏低，此时采样气体流速应定为 150 mL/min 或更低，可提高测定准确性。

32. P$_{ET}$CO$_2$ 监测的临床应用有哪些？

监测通气功能、维持正常通气、确定气管导管的位置、及时发现呼吸机的机械故障、调节呼吸机参数和指导呼吸机的撤除、监测体内 CO$_2$ 产量的变化、了解肺泡无效腔量及肺血流量变化、监测循环功能、无创评估 PaCO$_2$、预测创伤患者的死亡率、在高级气道中应用 P$_{ET}$CO$_2$、ETCO$_2$ 监测在心搏骤停中的提示、评估败血症的严重程度、提示肺栓塞。

33. P$_{ET}$CO$_2$ 波形图解内容有哪些？

Ⅰ相：吸气基线，位于零点，代表吸气终止，呼气开始，为死腔气，基本上不含二氧化碳。Ⅱ相：呼气上升支，呈 S 形陡直上升，代表死腔气和肺泡气混合过程。

Ⅲ相：呼气平台，曲线呈水平或微向上倾斜，代表混合肺泡气，其末尾最高点 R 点为平台峰值，代表了 $P_{ET}CO_2$ 值。Ⅳ相：吸气下降支，意味着吸气开始，随着新鲜气体的吸入，二氧化碳曲线迅速而陡直下降至基线。

34. $P_{ET}CO_2$ 波形应观察哪几个方面？

基线：代表吸入 CO_2 浓度，一般应等于 0；高度：代表呼出 CO_2 的分压值；形态：正常 CO_2 波形与异常波形；频率：反映呼吸频率即二氧化碳波形出现的频率；节律：反映呼吸中枢或呼吸功能。

35. 麻醉气体浓度检测的意义和作用是什么？

在临床上，患者呼吸气体中麻醉气体的含量有着非常重要的意义，麻醉医师可以根据监测结果来安全的调节输入到患者体中的麻醉气体量，从而避免患者因吸入麻醉药过量和不足而导致生命危险。

36. 浓度检测仪可以监测到哪些指标？

监测吸入/呼出的 5 种麻醉剂浓度：氨氟醚、异氟醚、地氟醚、七氟醚 SEV、氟烷。3 种气体浓度：N_2O、CO_2、O_2。

37. 监测麻醉气体浓度方法有哪些？

一般有非色散红外测量法、气相色谱法、质谱法等监测方法。

38. 气体监测测试原理是什么？

每种气体在红外波段都有自己的特征吸收带，通过吸收带对红外能量的吸收量，可以反映出气体浓度。

39. 气体监测测试方法是什么？

在装置中安装若干个红外滤光片，其中一个红外滤光片的波长为参考波长，其余为对各种麻醉气体均有吸收的不同中心波长的滤光片。红外光源依次被各滤光片扫过，并穿过检测气室，由红外传感器进行光电转换，再通过信号放大处理电路，放大后的信号在微处理器电路中经 A/D 转换后，进行反向误差神经网络传播算法处理，识别出麻醉气体种类及其浓度。麻醉模块里装有八种波长的滤光片，从而得到各种气体的吸光度，帮助精确监测任何状态的所有呼吸气体浓度。

40. 常用的吸入麻醉气体有哪些？

七氟醚、地氟醚、异氟醚、笑气、氨氟醚、氟烷。

41. MAC 值的定义是什么？

最低肺泡有效浓度（minimum alveolar concentration，MAC）是指在一个大气压下，能使 50% 的患者或受试者对切皮刺激不发生体动反应时吸入麻醉药的肺泡气体浓度。MAC 值提供了一种麻醉药效能的测量方法，麻醉医师通常会使用 MAC 和其各种扩展值来表示吸入麻醉时患者的麻醉深度。

42. 常用的 MAC 扩展值的意义和数值是什么？

MAC_{95} 表示 95% 患者切皮无体动时的吸入麻醉药的肺泡浓度，通常认为该值为 1.3 MAC，此时可开始外科操作，若手术刺激较大，常需要 1.5~2.0 MAC。$MAC_{awake95}$ 是指 95% 患者对简单指令能睁眼时的肺泡气麻醉药物浓度，可视为患者苏醒时脑内麻醉药分压，其值为 0.3 MAC。

43. 临床中，影响吸入麻醉 MAC 的因素有哪些？

不同患者，MAC 值是不同的。同一个患者，在不同的生理病理情况下，MAC 值也会发生变化。临床麻醉中影响 MAC 值的因素如下：

（1）降低 MAC 的因素：老年人、低体温、中枢低渗、妊娠、合并使用静脉麻醉药、镇静药、阿片类药物、$α_2$ 受体激动剂、锂剂及其他降低中枢儿茶酚胺的药物等。

（2）增加 MAC 的因素：年龄降低、体温升高、使中枢儿茶酚胺增加的药物（如右旋苯丙胺、可卡因等）、脑脊液浓度增加和长期饮酒等。

44. 在日常工作中，经常使用的吸入麻醉药有哪些？

（1）七氟醚：血/气分配系数 0.63，不燃爆，麻醉诱导平稳迅速，呼吸道刺激小，较静脉麻醉药对自主呼吸保留较好，患者苏醒快，麻醉深度易调控。但吸入诱导时在浅麻醉下可能造成喉痉挛，小儿使用七氟醚麻醉在苏醒期可能发生躁动。

（2）氧化亚氮：俗称笑气，血/气分配系数 0.47，在常用吸入麻醉药中仅大于地氟醚，麻醉诱导迅速，苏醒快，即使长时间吸入，停药后也可以在 1~4 分钟内完全清醒。

（3）地氟醚：血/气分配系数 0.42，麻醉诱导和苏醒均很迅速，其麻醉效能稍低，维持浓度为 3%~6%。对呼吸道有刺激作用，可出现咳嗽、兴奋、屏气、分泌物增多、喉痉挛等不良反应,不宜用于儿童吸入诱导。

45. 如何选择麻醉中氧气浓度的范围?

100%的吸入氧浓度(FiO_2)会增加吸收性肺不张和降低氧合功能,应尽量避免。也有研究表明全身麻醉患者通过吸入较高浓度氧气($FiO_2=80\%$)可以提高机体组织氧分压、增加中性粒细胞的杀菌作用、预防手术部位感染;吸入较高浓度氧气也可以降低多巴胺的释放、改善胃肠道的缺血状态,降低术后恶心呕吐的发生率,且不会增加术后肺部并发症的发生概率。推荐术中FiO_2为60%~80%。

（王迎斌　邢艳红）

参考文献

[1] 刘进,于布为. 麻醉学[M]. 北京:人民卫生出版社,2017.
[2] 连庆泉. 麻醉设备学[M]. 北京:人民卫生出版社,2017.
[3] 医学名词审定委员会,呼吸病学名词审定委员会,呼吸病学名词[M]. 北京:科学出版社,2018.
[4] Pablo RA, Carlos ME, et al. Historical development of the anesthetic machine: from Morton to the integration of the mechanical ventilator. Braz J Anesthesiol. Mar-Apr 2021; 71(2): 148-161.
[5] Lienhart A. Human means and equipment for anesthetic safety[J]. Bull Acad Natl Med, 1994 Nov; 178(8): 1551-1562.
[6] Samuel T S, Thomas A, Nicholas HP. An Update on End-Tidal CO_2 Monitoring[J]. PediatrEmerg Care, 2018 Dec; 34(12): 888-892.
[7] Ronald D. Miller, MD. Miller s Anesthesia[M]. America: Saunders, 2014.10.14.
[8] Wiedemann H P, McCarthy K. Noninvasive monitoring of oxygen and carbon dioxide[J]. Clin Chest Med, 1989 Jun; 10(2): 239-254.
[9] Ward K R, Yealy D M. End-tidal carbon dioxide monitoring in emergency medicine, Part 2: Clinical applications[J]. AcadEmerg Med, 1998, 5(6): 637-646.
[10] Jennifer HN, Thomas S, Martin B. Photoacoustic gas monitoring for anesthetic gas pollution measurements and its cross-sensitivity to alcoholic disinfectants[J]. BMC Anesthesiol, 2019, 19(1): 148.
[11] F Giunta, G Lagomarsini, C Fausto. Gas monitoring and uptake. Appl Cardiopulm[J]. Pathophysiol, 1995, Suppl 2: 31-39.

第七章

床旁检验设备

1. 血气分析中哪些指标是直接测量？哪些是计算所得？

pH 值、氧分压（partial pressure of oxygen，PO_2）、二氧化碳分压（partial pressure of carbon dioxide，PCO_2）为直接测量得到的基础测量值，其他血气指标如碱剩余（base excess，BE）、标准碳酸氢盐（standard bicarbonate，SB）、实际碳酸氢盐（actual bicarbonate，AB）等指标为计算值。

2. 湿式血气分析仪工作原理是什么？

被测血液样本被液泵系统抽吸到样本室内测量毛细管中，测量毛细管的管壁有四个开口，分别安置着 pH 电极、pH 参比电极、PO_2 电极、PCO_2 电极，电极与血液样本被特殊的一层膜隔开，只有被测定的物质可以渗透。电极将 pH、PO_2、PCO_2 的差异转化为电信号，然后被放大、模数转换、经中央处理器 CPU 运算，显示、打印测量结果。

3. 电解质分析仪可以对哪些标本进行测定？

电解质分析仪采用离子选择性电极技术测量溶液中离子浓度，可以分析全血、血清、血浆，也可直接分析尿液的电解质含量。

4. 血气分析仪为什么需要定标？

血气分析采用相对测量方法，在进行测量之前，需要先用标准化液体来确定 pH、PO_2 和 PCO_2 三套检测电极的工作曲线，上述过程称为定标或校准。由于确定建立检测电极工作曲线至少需要两个工作点，所以每种电极均需要使用两种标准物质进行定标后，才可以进行测量工作。在检测过程中，仪器还会自动对相关电极进行一点定标，以随时确定电极偏离工作曲线的情况。如果发现电极偏离超出接受范围,仪器将停止测量工作,重新强制定标,以保证检测数据的准确性。

5. 动脉血气分析如何避免血样稀释?

动脉血样稀释将造成 PCO_2、血红蛋白、电解质等测量结果的误差。动脉血样在实际操作中可能被稀释,主要原因有使用液体肝素抗凝及通过动脉留置管道采样时盐溶液的掺入,采样时应尽力避免。主要措施有,如果通过动脉留置管采样,在采血样前尽可能充分排除管道内盐溶液;采样时使用配有固态肝素的采样器。

6. 肝素对钙离子测量的影响如何避免?

血气分析仪测定离子浓度时,离子选择性电极可检测血浆中自由离子的浓度。普通肝素(锂和钠)含带有负电荷的结合点,这些结合点可以与血样中阳离子如钙离子、钾离子、钠离子结合,导致这些阳离子特别是钙离子的检测值低于真实值。因此电解质测量,特别是钙离子测量,应使用经过特殊平衡化的肝素,并且采用相对稍高的浓度以避免凝血的发生。

7. 干式血气分析仪与湿式相比有哪些优点?

干式血气分析仪优点主要在于方便、快捷,对试剂浪费、损耗小,特别适用于床旁检测、医疗急救、抢救等。与湿式血气分析技术比较,干式血气分析仪构造较简单,测试片中包含了定标液、样品测量池、传感器和废液处理所需的所有元件,不需要使用参比电极、无试剂包消耗,血样仅吸入封闭的测量片内测量并留存,不直接进入仪器。杜绝了传统血气分析废液产生二次污染,日渐显露临床应用前景。

8. 干式血气分析仪如何完成多项目的检测?

依据干式血气分析仪的光学测量原理,改变光电极染料涂层的种类和结构可以制成不同测量项目的光电极。采用离子选择性荧光染料制作荧光涂层,可检测样本中钾、钠、氯、钙等多种离子,荧光强度与样品中分析物含量成反比。采用特定酶制作光电极的外层,可测定血液中葡萄糖、尿素等代谢产物。

9. 电解质分析仪常用的工作方式有哪些?

电解质分析仪按工作方式分类可分为:湿式电解质分析仪和干式电解质分析仪。其中湿式电解质分析仪是目前最常用的一类分析仪,多采用离子选择性电极方法。而干式电解质分析仪目前测量方法有 2 类:一类是基于反射光度法,另一类是基于离子选择性电极方法。

10. 湿式电解质分析仪有几种电极？

湿式电解质分析仪是目前最常用的一类分析仪器，它将被测样品作为电池的一部分，将离子选择性电极和参比电极插入其中组成电池，然后通过测量原电池电动势来进行测试分析。目前，电解质分析仪有钠、钾、氯钙镁等多种离子选择性电极。

11. 低体温对血气分析的影响有哪些？

体温下降导致二氧化碳在血液中溶解度增加，二氧化碳分压下降，氧离曲线左移，致氧分压和测量的氧含量下降。体温下降时 pH 值增加，虽然低体温本身不会改变样本在 37℃ 的测量值，但低体温时采集的动脉血应被校正到 37℃ 测量，在此基础上进行临床决策。

12. 血气分析时可能导致错误结果的因素有哪些？

① 样本中的气泡；② 过度肝素化；③ 没有在低温下保存样本；④ 样本发生代谢反应；⑤ 明显的操作失误；⑥ 容器的塑料管壁积存气体；⑦ 氧电极的故障：氧电极消耗、电极中膜的材质等；⑧ pH 电极的故障：如电极上蛋白质的沉积。

13. 血糖仪测量的工作原理是什么？

血糖仪根据工作原理不同可分为两种类型：光电型与电极型。前者通过检测反应过程中试纸的颜色变化来反映血糖值；后者通过血样中葡萄糖与试纸中生物酶反应所产生的电流量测量血糖。

14. 血糖仪测量血糖时的消毒方法？

用 75% 乙醇擦拭采血部位，为确保测量值的准确性，手指应干燥后再采血。需要强调的是，含碘消毒剂（如碘伏、碘酒）会影响血糖测量值，检测时要避免使用。

15. 血糖仪检测结果主要的影响因素有哪些？

① 测量原理不同的血糖仪检测结果可能有所不同；② 目前床旁血糖仪检测血样多为全血，红细胞比容（Hematocrit, Hct）对检测结果有一定影响；③ 目前临床常用的血糖仪检测原理均采用生物酶法，不同的生物酶可能受到环境中氧气、木

糖、麦芽糖等物质的干扰而影响检测结果；④ 药物及内源性和外源性化学物质的干扰，如水杨酸、对乙酰氨基酚、维生素 C、胆红素、三酰甘油、尿酸、氧气、麦芽糖、木糖等；⑤ 环境中 pH、温度、湿度和海拔等都可能对血糖仪的检测结果产生影响。

16. 血糖仪试纸如何保存？

血糖试纸测试条会受到环境中温度、湿度、化学物质的影响，为保证检测准确，血糖试纸需严格按照说明书要求进行保存。总体来讲，尽可能使用原装试纸盒，取用后保持试纸盒密闭；存放时尤应注意储存环境应干燥、避光、阴凉、10～30℃室温条件；血糖仪试纸存放时间较短，应注意试纸保质期，在有效期内使用；检测时手指应避免触碰试纸的测试区。

17. 血糖仪测定值与实验室测定值的差异？

由于快速血糖仪测量的结果是范围值，每次测量的结果通常会出现一些偏差，但差异不会太大。血糖仪与实验室检测结果之间的误差应满足以下条件：① 当血糖浓度<4.2 mmol/L 时，误差在至少 95% 检测结果在 ±0.83 mmol/L 范围之内；② 当血糖浓度≥4.2 mmol/L 时，误差在至少 95% 检测结果在 ±20% 范围之内。

18. 凝血相关检测在临床使用中有哪些缺陷？

目前临床上较为常用的凝血相关检测有凝血系列和血小板计数。血浆凝血酶原时间 PT、活化部分凝血酶原时间 APTT 仅反映血液凝固启动阶段的功能状态，不能检测纤维蛋白形成、聚集、血凝块形成阶段的功能状态，且对血小板的功能和纤溶过程没有可靠的检测技术。不能直接反映凝血功能障碍出现的具体原因。

19. 凝血弹性描记仪较其他凝血检验项目有哪些优点？

凝血弹性描记仪（thromboelastograph，TEG）能针对某一全血标本的凝血功能进行全面的检测，动态反映凝血形成和纤维蛋白溶解的全过程，能准确提供血小板活化聚集、凝血因子激活、纤维蛋白形成聚集及纤维蛋白溶解等各阶段有关信息，较传统的凝血功能监测指标更敏感、更准确、且可以较快得出结果。因此，TEG 检测可在床旁动态监测凝血功能、快速评估凝血状态、指导成分输血，准确率显著高于常规的凝血检测方法。

20. 凝血弹性描记仪可以检测哪些凝血相关功能？

凝血弹性描记仪可以检测包括凝血因子激活、纤维蛋白形成、凝血块形成、血小板活化以及血栓溶解的整个血液凝固和纤溶过程。

21. 凝血弹性描记仪（thromboelastograph，TEG）检测有哪些种类？

常用的种类有：普通凝血检测、肝素酶对比检测、血小板图检测。其中普通凝血检测用于评估患者凝血状态、指导成分输血、监测和预防血栓形成、判断促凝和抗凝药物的疗效、区分原发性和继发性纤溶亢进。肝素酶对比检测用于监测使用肝素、低分子肝素及类肝素等药物时的疗效；监测肝素使用是否抵抗、有效或过量；评估肝素被中和后的效果。血小板图检测用于测定单独或联合使用阿司匹林、氯吡格雷等抗血小板药物的疗效；评估使用抗血小板药物后患者的出血风险及其原因。

22. 凝血弹性描记仪基本参数有哪些？

凝血弹性描计仪的基本参数包括：凝血反应时间（R）、凝血形成速率（α角）、凝血形成时间（K）、凝血综合指数（CI）、凝血最终强度（MA）、纤溶指数（LY30）。

23. TEG 曲线中凝血反应时间 R 定义是什么？

凝血反应时间 R，是从将血样置于小杯到 TEG 曲线宽度达到 2 mm 所需的时间，反应纤维蛋白开始形成的速度，其正常值为 5～10 分钟，与血浆中凝血因子及循环抑制物活力的功能状态有关。

24. TEG 曲线中凝血形成时间 K 定义是什么？

K 为凝血形成时间，从 R 的终点至 TEG 宽度达 20 mm 的时间，反映纤维蛋白交联情况，其正常值为 1～3 分钟，受内源性凝血因子、纤维蛋白原和血小板功能影响。

25. TEG 曲线中凝血形成速率 α 角的意义？

凝血形成速率即 α 角，表示自血凝块形成点即 R 的终点到 TEG 最大曲线弧度所做的切线与水平线的夹角，其正常值为 53°～72°。表示整体凝血形成的速率，与纤维蛋白原浓度及血小板功能状态有关。

26. TEG 曲线中凝血最终强度 MA 的意义？

凝血最终强度即 MA，是指 TEG 曲线最大宽度的数值，反映凝血的最大强度，与血小板数量及其对胶原和纤维蛋白原的聚集反应有明显的相关性，纤维蛋白原及血小板的功能状态对其数值影响最大，正常值为 50~70。MA 值增大见于：血液高凝状态、体内血栓形成等。MA 值减小见于：出血、血液稀释、血小板减少、凝血因子消耗或疾病所引起的凝血因子缺乏。

27. TEG 曲线中凝血综合指数 CI 的意义？

CI 即凝血综合指数，是判断凝血和出血的综合指标，表示血液在各种条件下的凝血的综合状态，正常值为 -3~3，当 CI>3 时表示血液处于高凝状态，当 CI<-3 时表示血液处于低凝状态。

28. TEG 曲线中纤溶指数 LY30 的意义？

LY30 为 TEG 曲线中 MA 值确定后 30 分钟内血凝块消融的速率，其正常值为 0~7.5%，反映了形成血凝块的稳定性及纤溶情况。

29. 如何通过凝血弹性描记仪参数评价血小板功能？

血小板在凝血过程中发挥重要作用，因此 TEG 多种参数均与血小板功能相关：如 K、α 角、MA、A、CI。其中 MA 与血小板数量及对纤维蛋白原的聚集反应有明显相关性。但这种方法的灵敏度和特异度较为局限。识别血小板质量缺陷的标准实验室检测手段，仍然是采用特异性的血小板激动剂和富含血小板的血浆样本进行可见的血小板聚集试验。

30. 凝血弹性描记仪如何反映纤溶亢进？

通过 TEG 曲线中参数 LY30、EPL 的测量可以获取纤溶活力的重要信息，当 LY30>7.5% 或 EPL>15% 时结合临床表现可检出纤溶亢进的存在。纤溶指数 LY30 指 MA 值确定后 30 分钟内血凝块消融的速率，反映纤维蛋白溶解情况，及形成血凝块的稳定性，其正常值 0~7.5%。EPL 指预测在 MA 值确定后 30 分钟内血凝块将要消融的百分比。

（赵利军）

参考文献

[1] 连庆泉,贾晋太,朱涛,等.麻醉设备学(第4版)[M].北京:人民卫生出版社,2016.
[2] Ruth Lock.全血采样手册.
[3] 邓小民,曾因明.米勒麻醉学(第7版)[M].北京:北京大学医学出版社,2011.
[4] 000013610/2011-00002.医疗机构便携式血糖检测仪管理和临床操作规范(试行)[S].2011.
[5] WS/T 622—2018,内科输血指南[S].2018.
[6] 劭勉,薛明明,王思佳,等.急性出血性凝血功能障碍诊治专家共识(2020)[J].中华急诊医学杂志,2020,29(6):786-787.

第八章

超声诊断仪器

1. 什么是超声波?

超声波(ultrasonic wave,UT)是一种波长极短的机械波,在空气中其波长一般短于 2 厘米,低于人耳听觉的一般下限,频率范围在 $2\times10^4\sim2\times10^8$ Hz。频率范围在 $10^8\sim 1\,012$ Hz 的波称为特超声波。超声波必须依靠介质进行传播,无法存在于真空中。

2. 什么是超声场?

超声场(ultrasound field,UF)是超声在弹性介质中传播时,声波存在或通过的区域,或者声波从其来源向外扩散时的几何学描绘。超声的振源和传播条件不同会形成不同超声能量的空间分布。

3. 什么是超声声束的聚焦?

探头发出的超声束在探测深度范围内汇聚称为超声声束的聚焦,其目的是增强超声束的穿透力和回波强度。声束聚焦通常分为 2 类:声学聚焦和电子聚焦。采用何种聚焦方式,主要视不同的应用场合而定,可以仅采用一种聚焦,也可以同时应用 2 种聚焦。

4. 什么是多普勒效应?

多普勒效应(doppler effect)是指因波源和观测者的相对运动而引起物体辐射的波长产生变化。当观测者在运动的波源前面时,波被压缩,波长变短,频率变高(称蓝移);相反在运动的波源后面时,波长变长,频率变低(称红移);所产生的效应随波源的速度增加而增大。可以依据波红(或蓝)移的程度计算得到波源沿观测方向运动的速度。

5. 什么是医学超声成像？

医学超声成像是将超声波发射到人体内，接收从人体组织反射或投射的超声波，获得反映组织信息的图像技术。

6. 超声设备如何分类？有何特点？

超声设备有超声诊断仪以及超声层析成像（即超声 CT）两大类。根据不同的显示方式，超声诊断仪能分为 A 型、B 型、D 型、M 型等。目前医院中使用最多的是 B 型超声诊断仪，俗称 B 超，其横向分辨率可达 2 mm 以内，可以显示出清晰而层次感强的软组织图像。另外各种血流参数的测量可以用超声多普勒系统进行，现已得到广泛应用。超声 CT 是一种非侵入式的诊断设备，但其扫描时间较长、分辨率低，临床上不常用，需进一步改进。

7. 什么是超声图像质量？

超声图像质量（image quality）指人们对一幅超声图像视觉感受的主观评价。通常图像质量是指被测图像相对于标准图像在人眼视觉系统中产生误差的程度。超声图像质量的评价标准主要包括以下几个方面：图像清晰度；图像均匀性；超声切面标准性；伪相识别；彩色血流显示情况；图像于超声报告相关性；图像有无斑点、雪花细粒、网纹；图像与临床疾病相关性；探测深度；工作频率与脏器相关性。

8. 超声调节增益的作用是什么？

增益是指超声探测仪的回波幅度调节量（灵敏度），增益加大，回波幅度增高。调高增益会使图像的亮度增加，可以观察到更多的超声波信号，但同时也会带来更多无用的超声波信号。

9. 超声调节时间增益补偿的作用是什么？

超声时间增益补偿（time gain compensation，TGC）是超声设备用来克服因为超声波能量衰减导致信号减弱的一种处理方法。其具体方法是将从脉冲发射开始后的回声信号随着时间的延长而逐渐调高增益，通过调节特定深度范围内的信号增益，使同一组织或结构在声像图上看起来相对一致，组织图像回声均匀。

10. 超声深度调节的作用是什么？

超声深度越大，观察到的组织越深越广，而当深度减小时，显示的区域更少，显示屏上呈现的结构相对更大。另外,探测深度增加需要更长时间接受回波信号,成像时间延长,使时间分辨率下降。探测深度较小的时候,机器成像时有足够的时间采用更多、更细密的扫描线来成像每一幅图像,增加了图像的信息量。不过,探测深度过小的话也会使得图像质量下降。因此深度调节要根据实际情况随时变换,不要过深,也不宜过浅。

11. 超声调节频率的作用是什么?

超声频率越高、分辨率越好、穿透力越差;而频率越低,则分辨率越差、穿透力越好。根据不同的组织情况以及探测深度,需要调节超声的频率。衰减大的组织或探测深度大时,应该选择较低的工作频率;相反,衰减小的组织或探测深度小时,应该选择较高的工作频率,例如高频率适合看浅层的血管或小器官。

12. 调节超声焦点位置与数目的作用是什么?

调节超声焦点是指对发射声束焦点的调节,符号代表对应焦点的区域,显示在图像的侧边。聚焦的区域影像的对比和解析度会更好,但频率会下降,因此建议维持一个聚焦数目即可。

13. 调节超声动态范围的作用是什么?

通过调节黑白图像的对比度,压缩或扩大灰阶的显示范围,动态范围越大,整体图像越暗,对比度越小,杂波也会增加,建议将超声动态范围调整在中间值,或参考预设值。

14. 什么是医用超声探头?

医用超声探头(ultrasonic probe)是各种超声成像设备借以将电能与机械能互为转换的媒介,超声的产生和接收都由探头完成。

15. 什么是超声的压电效应?

压电效应是指某些电介质受机械压力作用而变形时,其内部会产生极化现象,在其两端表面间出现相反的正负电荷,即出现电势差现象。因此对压电材料施加压力的话,便会产生电位差(正压电效应),反之施加电压,就会产生机械应力(逆压电效应)。高频震动的压力会产生高频电流。而压电陶瓷上加高频电信号时,就会产生高频机械震动即高频声信号,也就是超声波信号。

16. 什么是电致伸缩和磁致伸缩现象？

电致伸缩是指在一些晶体切片的两对面上加交变电场，晶体切片就发生伸长或缩短的现象。同理，铁磁性物质在外磁场作用下会发生伸长（或缩短），去掉外磁场后，又恢复其原来的长度。超声波传感器的发生器主要就是通过这两种原理来产生超声波。

17. 超声的换能原理是什么？

当超声换能器作为发射器时，高频电信号可以引起电储能元件中电场或磁场的变化，从而推动换能器的机械振动系统，其进入振动状态后推动与机械振动系统相接触的介质发生振动，即向介质中产生超声波。超声波的接收利用了正压电效应，声波作用在换能器上，换能器的机械振动系统发生振动从而引起电储能元件中的电场或磁场发生变化，在换能器的电输出端产生相应的电压和电流。

18. 医用超声探头的分类方式有哪些？

根据超声探头中换能器所用的阵元数目，超声探头分为单元探头和多元探头；根据波束控制方式可分为线扫、相控阵、机械扇扫和方阵等探头；根据几何形状可分为矩形、弧形、柱形和圆形等探头；根据诊断部位可分为颅脑、眼科、心脏和腹部等探头；根据应用方式可分为体外、体内和穿刺活检等探头。

19. 柱形单振元探头是什么？

柱形单振元探头（又称笔杆式探头），是各型超声波诊断仪用探头的结构基础，主要由压电晶体，垫衬吸声材料，声学绝缘层，外壳和保护层五个部分组成。主要用于 A 超和 M 超，目前常用于经颅多普勒和胎心监护仪。

20. 机械扇扫超声探头是什么？

机械扇扫超声探头适配于扇扫式 B 型超声诊断仪，通过机械传动的方式带动传感器连续旋转或反复摇摆来实现扇形扫描的。它可以实现超声图像的实时动态显示，且体积小、灵敏度高、质量轻，使用操作比较轻巧方便，其次是光栅的线密度可以做得较高，从而获得更加令人满意的图像质量。但它的扫描重复性和稳定性较差、噪声大、寿命短。目前机械扇扫超声探头有被电子凸阵及相控阵扇扫探头所取代的趋势。

21. 电子线阵探头是什么？

电子线阵探头配用于电子式线性扫描超声诊断仪，它主要由六部分组成：开关控制器、阻尼垫衬、换能器阵列、匹配层、声透镜和外壳。具有较高的分辨力和灵敏度，波束容易控制，实现动态聚焦等特点，目前已被广泛采用。

22. 凸形探头是什么？

凸形探头的结构与线阵探头相同，但相同振元结构凸形探头的视野要比线阵探头大。由于其探查视场为扇形，对声窗较小的脏器的探查相比线阵探头更为优越。但凸形探头波束扫描远程扩散，必须予以线插补，否则因线密度低将使影像清晰度降低。

23. 相控阵探头是什么？

超声相控阵探头能完成波束电子相控的扇形扫描，又称相控电子扇扫探头，适用于相控阵扇形扫描超声诊断仪。另外，它具有可控制声束方向、焦点位置与大小等声场特性。

24. 电子矩阵探头是什么？

电子矩阵探头是用电子方式偏转超声波束来扫描预定的容积区域，从而采集容积数据，相比于机械探头，其采集容积数据的速度更快，所采得的容积数据的分辨率更高，可以反映靶目标任意细微结构的真实三维状况，实时更新所覆盖范围内形态的变化，即实时三维的成像技术。

25. 超声引导下的麻醉操作技术有哪些？

超声引导下的麻醉操作技术主要包括有超声引导下的神经阻滞技术、中心静脉和动脉穿刺置管。超声引导下麻醉操作技术大大提高了麻醉相关有创操作的成功率，并减少意外损伤的发生率及相关并发症。

26. TTE 是什么？

经胸超声心动图（transthoracic echocardiography，TTE）是将探头放于心脏前部的左侧胸壁，检查心脏结构和功能的一种诊断心脏疾病的常用检查方法。通过 TTE 可以检查心脏结构与功能的病变，观察心脏形态大小、瓣膜功能、大血管以及有无血栓等情况，进而诊断房间隔缺损、室间隔缺损、动脉导管未闭、法洛四联症等心脏疾病,为疾病的下一步治疗提供较为可靠的参考依据。

27. TEE 是什么?

经食管超声心动图(transesophageal echocardiography,TEE)是将装有晶片的超声探头置于食管或胃内,进行心脏超声显像的一种方法。由于探头紧邻心脏和近心大血管,检查不受胸壁和肺的影响,从而获得清晰图像。TEE 不仅能动态探查心脏结构,还可直观显示血流运动状态,计算各项血流动力学参数。因其探头固定容易,现已成为术中实时监测与评价手段之一。

28. 超声心动图的原理是什么?

超声心动图的原理是探头发出短波超声束,透过胸壁软组织,通过心脏各层组织,在探头发射超声波的间隙,反射的回波被接收,经过正压电效应转为电能,再通过检波、放大,变成强弱不同的光点在荧光屏上显示。超声波脉冲不断穿透组织并产生回波,不同时间反射回来的回波,按反射界面的先后在荧光屏上呈一系列纵向排列的光点。慢扫描电路的水平偏转板使纵向排列的光点在示波屏上从左向右扫描,呈现连续波动的曲线及图形。

29. M 型超声心动图是什么?

M 型超声心动图是将心脏及大血管的运动以光点群随时间改变所形成曲线的形式显现出来的超声图像。以时间为横坐标,心脏各层结构反射的光点随时间改变形成一幅显示距离、时间、幅度及光点强弱的位置和时间曲线图。

30. 二维超声心动图是什么?

二维超声心动图又称切面超声心动图,超声探头产生的声束进入胸壁后呈扇形扫描,不同的探头的部位和角度,能获得不同方位和层次的切面图。另外由于二维超声能在透声窗较窄的情况下避开胸骨和肋骨,显示较清晰且范围较大的心内各结构的空间方位,是现在主要的检查手段。

31. 造影超声心动图是什么?

造影超声心动图(contrast echocardiography,CEC)是将声学造影剂注入周围静脉或经导管注入心腔,导致均匀的血液内产生较大的声阻差,超声束通过时会产生云雾状回声增强反射,与不含超声造影剂的管腔形成鲜明的对比,从而判断心腔内有无分流或反流的检查技术。此法有助于辅助诊断心内分流性疾病和三尖瓣关闭不全。

32. 气道超声是什么？

气道超声是一种有价值、无创、简单、方便的床旁超声检查。超声能分辨重要的气道解剖如甲状软骨、会厌、环状软骨、环甲膜、气管软骨以及食管。由胸骨上切迹向甲状软骨方向扫查，在横切面上可观察到气管、颈动脉、食管。纵向放置于环状软骨底部至气管远端，向甲状软骨方向移动探头，在纵切面上可观察到气道软骨、环状软骨、甲状软骨和环甲膜。

33. 超声在气道管理中是怎么应用的？

随着高分辨率便携式超声仪器的改进，超声在临床各学科的应用越来越广泛，目前已成为麻醉、急诊和重症医学等学科的重要诊疗工具。已广泛应用于辅助清醒插管、困难气道预测、气道解剖定位、气管导管定位、气管拔管预测、饱胃患者评估、引导气管切开、环甲膜穿刺、定位喉罩位置、气管狭窄或气道异物探查等方面。

34. 肺部超声的特点是什么？

肺部超声检查具有无辐射、简便、经济、床边开展、随时检测、便于动态观察的特点，能够弥补X线检查敏感度低和CT检查不易移动的不足，有利于危重患者疾病诊疗的评估及监测。由于超声波在空气中急速消退，且肺内存在大量空气，造成了周围实质组织间的回声与肺内回声的失落，使肺实质难以成像，因此具有一定局限性。胸壁与肺实质之间的气体在肺部动态超声成像中起着决定性作用。

35. 肺部超声的探头是如何选择的？

肺部彩超可以使用腹部探头、血管探头、心脏探头等，其中胸壁、胸膜及胸膜下病变的检查主要是使用高频线阵探头(7.5~10 MHz)；整体观察、较深部的肺组织病变和体型肥胖者的检查主要是用低频凸阵探头(2~5 MHz)，能够提供足够的扫查深度和显示广度。相控阵探头体积小(心脏探头)，可以方便观察肋间隙。检查血管的高频线阵探头(血管探头)可以用来观察胸膜线的情况。

36. 肺部超声BLUE方案中A线和B线是指什么？

床旁急诊肺超声(bedside lung ultrasound emergency，BLUE)中A线是指超声波在胸膜后方遇到肺组织(以气体为主)时发生多重反射形成的伪像，表现为与多条与胸膜平行、彼此间距相等的线性高回声。B 线是指当肺间质或肺泡内液体比例超过 5% 时产生的振铃伪像。

37. 肺部超声 BLUE 方案的诊断流程是什么？

床旁急诊肺超声（bedside lung ultrasound emergency，BLUE）首先检查前胸壁胸膜滑动征以排除气胸；前胸壁是 B 表现，即双侧前胸壁胸膜滑动征正常+B 线，提示肺水肿；如是 A 表现，即双侧前胸壁胸膜滑动征正常+A 线，则进行下一步；如是 B' 表现（胸膜滑动消失+B 线）、A/B 表现（一侧以 A 线为主，一侧以 B 线为主）、C 表现（肺实变）则考虑肺炎；双肺都为 A 表现，存在下肢静脉血栓则考虑肺栓塞，如不存在，则进后外侧壁肺泡/胸膜综合征点（posterolateral alveolar and/or pleural syndrome point，PLAPS）扫查。

38. 肺部超声在机械通气管理中怎样应用？

肺部超声可用来有效地管理机械通气支持。不同的肺通气状态有不同的超声影像，基于超声影像的评分系统，如肺超声评分方法（lung ultrasound score，LUS），可以计算前胸部、侧胸部和后胸部 LUS 评分，LUS 总分能帮助评估患者肺通气以及急性呼吸衰竭的情况。

超声可以简便地在床边评估患者对呼气终末正压（positive end-expiratory pressure，PEEP）的效果。增加 PEEP 后肺通气增加，LUS 评分会增加。高 PEEP 引起的肺过度通气会引起肺滑动消失或减弱，提示 PEEP 设置不合适。

39. 如何用肺部超声排除气胸？

肺滑动征消失是气胸的第一超声征象，M 型超声常表现为沙滩征消失，平流层征出现。这 2 种征象的交界点称为肺点，是诊断气胸的特殊征象。胸膜腔内气体存在使得超声波无法透过到达肺组织，因此气胸时不会显示 B 线，仅显示 A 线。另一个有助于排除气胸的标志是肺脉冲，是指其在壁层胸膜中随着心脏搏动而进行的细微、有节奏的运动。

40. 肺部超声有什么局限性？

肺部超声的应用依赖于患者的情况，特别是肥胖患者、有皮下气肿或是胸部有大的敷料覆盖时，会严重阻碍超声波的传播、影响肺部超声的检查结果。同时，肺部超声对于未累及胸膜的肺部异常是无法排除的。此外，其无法提供肺的整体结构;无法对肺过度充气、肺气肿和肺大泡做出诊断;常难以提供病灶分叶、分段的准确定位信息。

41. 什么是肾脏超声?

肾脏超声是指在肾脏体表投射部位应用高频超声波扫描,将机械振动的能量射入人体,直接显示肾脏的形态、大小及内部结构,并在荧光屏上显示切面图像的技术,根据回声的强弱、多少及分布状态可鉴别和诊断多种疾病,如肾脏内囊实性病变、肾肿瘤、肾囊肿、肾脓肿、肾盂积水、肾结石、肾下垂等。此外,对肾脏的急性损伤、肾脏周围脓肿和腹膜后血肿也有良好的诊断意义。

42. 什么是腹部超声?

腹部超声检查是利用超声影像设备观察腹部脏器大小、形态、位置等变化,以及相应病变的一种检查方法,主要适用于肝脏、胆囊、胆管、胰腺、脾脏、肾脏等多种脏器的疾病诊断。消化道内如有气体充盈,可导致超声波无法顺利穿透脏器而影响图像清晰度。

43. 什么是颅脑超声?

颅脑超声主要根据超声波通过颅脑组织时具有的反射、折射、散射、绕射及衰减特性,对颅脑组织病变进行非创伤性的诊断。颅脑超声通过 4 个主要的超声窗位(经颞、枕、下颌和经眶),可以评估大脑的主要结构,包括脑实质和主要脑血管。颅脑超声可用于快速评估神经危重患者的病理变化,可以通过对血流速度的分析来评价大脑的解剖和病理,以及脑循环。

44. 什么是 FAST 超声检查?

创伤的超声重点评估(focused assessment with sonography for trauma, FAST),是指临床医生对创伤患者胸腹腔作床旁超声检查,重点探查各腔隙内游离液体,据此对创伤做出评估。按顺序探查剑突下、左右肋间、肋下和耻骨联合上方,然后快速查看心包、肝肾间隙、脾肾间隙和子宫直肠陷凹是否存在液性暗区,检查时间一般不超过 5 分钟。适应证为躯干急性钝性伤或穿通伤、妊娠期创伤、儿童创伤、亚急性损伤等。

(陈婵)

参考文献

[1] 周志坚.大学物理教程[M].成都:四川大学出版社,2017.
[2] 毕津滔,张永德,孙波涛.基于电磁跟踪与超声图像的介入机器人穿刺导航方法及实验研究[J].仪器仪表学报,2019,40(07):253-262.
[3] 吴杰,周建莉.医学电子学基础与医学影像物理学[M].昆明:云南大学出版社,2014.
[4] 龚庆悦,董海艳,冒宇清.医学信息工程概论[M].南京:南京大学出版社,2019.
[5] 海涛,李啸骢,韦善革,等.传感器与检测技术[M].重庆:重庆大学出版社,2016.
[6] 俞阿龙,李正,孙红兵,等.传感器原理及其应用[M].南京:南京大学出版社,2017.
[7] 赵博文,任卫东,王建华.美国超声心动图学会《小儿超声心动图操作指南和标准》简介与解读[J].中华医学超声杂志(电子版),2015,12(03):177-183.
[8] 郑刚.生物医学光学[M].南京:东南大学出版社,2017.
[9] 赵佳,臧国礼,陈仕宇,等.肺脏超声与X线在新生儿感染性肺炎诊断中的应用比较[J].重庆医学,2020,49(10):1627-1630.
[10] 许铁,张劲松,燕宪亮.急救医学[M].南京:东南大学出版社,2019.
[11] 王书鹏,段军.重症肺部超声临床应用管理流程[J].中华诊断学电子杂志,2018,6(02):98-100.
[12] 夏宇,黄雪培,姜玉新.经胸壁肺部超声在急性呼吸困难患者中的应用研究[J].医学研究杂志,2019,48(03):1-4.
[13] 王骏,宋宏伟,刘小艳,等.医学影像技术质量控制与安全保证[M].南京:东南大学出版社,2016.

第九章

麻醉插管设备

1. 气管内插管的目的和常用方法有哪些?

气管内插管的目的包括：① 维持患者呼吸道通畅，防止异物进入呼吸道，便于及时清理气管内分泌物或血液；② 进行有效的人工或机械通气，防止缺氧和二氧化碳蓄积；③ 便于实施吸入麻醉或使用吸入麻醉药。常用的插管方法包括经口气管内插管和经鼻气管内插管。

2. 气管内插管有哪些常用的工具设备?

气管内插管常用的工具设备主要包括面罩、气管导管、牙垫、喉镜、管芯、吸引器、吸痰管、口咽通气道、听诊器等。此外，还要确定氧气源如麻醉机、呼吸机或简易呼吸器的功能是否良好，监测设备如心电监护仪、血压、脉搏血氧饱和度仪以及呼气末二氧化碳监测仪等的功能是否良好。

3. 什么是麻醉喉镜？主要有哪些种类?

麻醉喉镜是用来显露喉和声门以便明视下进行气管内插管的器械。根据喉镜对喉的暴露方式，可分为直接喉镜与间接喉镜。直接喉镜可使喉部直接暴露于操作者视线内；间接喉镜则通过光学成像，将喉间接暴露于操作者。为满足不同的临床需求，直接喉镜还有一些特殊类型，如 Alberts 喉镜、Polio 喉镜、McCoy 喉镜等。

4. 什么是视频喉镜?

视频喉镜是指通过摄像头和光纤把影像传导到目镜或显示屏，而使声门显像的一类喉镜，属于间接喉镜。视频喉镜不需要口、咽、喉三轴重叠，可提供更宽广的视角，有效改善声门显露。

5. 视可尼是什么？其与视频喉镜的区别在哪里？

视可尼（Shikani）是前端弯曲呈 J 形的硬质管芯型可视硬镜，气管导管直接套在镜干上，在直视下推送导管进入气管内。采用视可尼气管内插管与经典的直接喉镜插管方式不同，插管方便快捷，不需要口、咽、喉三轴线的重叠，对张口度要求较低，为目前解决气管内插管和困难气道的主要工具之一。

6. 什么是可视软镜？其与纤维支气管镜的区别在哪里？

可视软镜是电子可视镜的一种，其外形与纤维支气管镜类似。可视软镜与纤维支气管镜最主要的区别在于成像原理不同，并可获得更高清晰度的图像。

7. 可视软镜与纤维支气管镜在麻醉气道管理中有什么用途？

可视软镜与纤维支气管镜在麻醉气道管理中的用途基本相似，主要包括：适用于绝大多数正常气道和困难气道的经鼻和经口气管内插管（颈椎活动度受限、张口受限、牙齿不齐或牙齿易损等患者）；进行双腔支气管导管和支气管封堵管的定位；用于更换气管导管和进行气道评估；检查并在明视下吸除阻塞段以上水平支气管的痰栓或异物；术中协助外科医生确定解剖结构以确定手术切除范围。

8. 可视软镜与纤维支气管镜的操作方法？

操作的基本动作包括向上向下、左右旋转和前进后退。操作者一手握镜柄，拇指操纵角度调节按钮控制镜体尖端向上向下运动，腕关节内旋和外旋控制镜体左右旋转，另一只手拇指与示指捏住镜体远端，另外三指起支撑稳定作用，操纵镜体前进后退，观察并保持目标在视野中。

9. 如何使用可视软镜或纤维支气管镜进行清醒气管内插管？

① 患者充分吸氧、镇静；② 进行气道表面麻醉，如使用局麻药棉球贴敷鼻腔、喉镜直视下喷雾咽喉腔、气管内注入局麻药、经环甲膜穿刺气管内注射局麻药等；③ 对可视软镜或纤维支气管镜行防雾处理，开启光源，检查镜体是否自然垂直，远端上下活动是否正常；④ 润滑镜体和气管导管，并将气管导管套于镜体上，沿口腔正中线（或一侧鼻孔）缓慢进入，调整目标在视野中，发现声门后，略微上抬镜体远端，进入声门，看到隆突后轻柔置入气管导管。

10. 如何使用可视软镜或纤维支气管镜进行双腔支气管插管定位？

可视软镜或纤维支气管镜检查是快速、准确判断双腔管位置的金标准。对于左侧双腔支气管插管，正确位置为通过右侧管腔直接观察到气管隆嵴，同时可见蓝色套囊的上缘刚好位于气管隆嵴之下，而经左侧管腔末端能看到左肺上下两叶的开口。对于右侧双腔支气管插管，从左侧管可看到气管隆嵴及右侧管进入右主支气管，通过右管末端可看到右肺中下叶支气管的次级隆突，并可通过右管上的侧孔看到右肺上叶开口与之对合。

11. 什么是光棒？什么情况适合采用光棒进行气管内插管？

光棒利用颈前软组织透光以及气管位置比食管更靠前、更表浅的特性进行气管内插管，当光棒和气管导管一起进入声门后可在甲状软骨下出现明亮光斑，可在光棒引导下置入气管导管。光棒可用于正常气管内插管、困难气管内插管（张口受限、小下颌等）、常规方法插管失败的患者以及口腔内有出血的患者等情况。

12. 采用光棒进行气管内插管的步骤有哪些？

① 检查光棒光源是否正常；② 充分润滑光棒和气管导管内壁，将光棒插入气管导管内，光棒前端留置在气管导管内 0.5 cm 处，固定气管导管；③ 患者头颈部自然伸展，调暗室内灯光环境，以便观察光斑；④ 根据患者病情和手术选择合适的麻醉诱导方式；⑤ 光棒从口咽正中线进入（或尖端从口角进入后，调整光棒于口咽正中线），在喉结下方出现明亮光斑后，推送气管导管进入气管内，并退出光棒；⑥ 确认气管导管进入气管内，连接呼吸机或麻醉机。

13. 什么是口咽通气道？

口咽通气道是经口腔放置的通气道，适用于咽喉反射不活跃的麻醉或昏迷患者，防止舌后坠造成的呼吸道梗阻。

14. 口咽通气道的适应证和禁忌证有哪些？

（1）口咽通气道的适应证：① 麻醉后或意识障碍出现完全性或部分性上呼吸道梗阻的患者；② 需要协助进行口咽部吸引的患者；③ 需要用口咽通气道引导进行气管内插管的患者。

（2）口咽通气道的禁忌证：清醒或浅麻醉患者（短时间使用除外）；上下门齿折断或脱落高风险的患者。

15. 如何选择口咽通气道的型号？如何置入？

选择口咽通气道型号的原则为：① 长度相当于门齿至下颌角的距离；② 宽度能接触上颌和下颌的2～3个牙齿为最佳。置入方法如下：首先选择合适的口咽通气道，将床放平，患者头后仰，吸干净口腔及咽部分泌物；开放口腔，然后将口咽通气道的咽弯曲部朝上插入口腔，当其前端接近口咽后壁时，将其旋转180°成正位，并用双手拇指向下推送至合适的位置；最后测试人工气道是否通畅，防止舌或唇夹在牙齿和口咽通气道之间。

16. 什么是鼻咽通气道？

鼻咽通气道是经过鼻腔安置的通气道，适用范围同口咽通气道，但刺激小，恶心反应轻，容易固定。

17. 鼻咽通气道的适应证和禁忌证有哪些？

鼻咽通气道的适应证为各种原因导致的上呼吸道梗阻：在全麻诱导时使用，保证呼吸道的畅通；全麻拔管后上呼吸道不全梗阻的患者；未完全清醒的全麻术后患者；脑外伤后呼吸道有梗阻的患者；手术室外呼吸心跳停止的急救；口腔科手术后的麻醉护理。鼻咽通气道的禁忌证：管道的粗细与患者的鼻腔不适合；鼻腔有出血倾向；颅底可疑骨折。

18. 如何选择鼻咽通气道的型号？如何置入？

选择鼻咽通气道型号的原则为：长度以耳垂至鼻尖的距离加2.54 cm（1英寸）或者鼻尖至外耳道口的距离作为参考。置入方法如下：检查鼻腔，确定是否有鼻息肉或明显的鼻中隔偏曲；选择合适的型号；收缩鼻腔黏膜和表面麻醉；将鼻咽通气道的弯曲面对着硬腭放入鼻腔随腭骨平面向下推送至硬腭，直至在鼻咽部后壁遇到阻力；此时，鼻咽通气道须弯曲60°～90°才能继续向下到达口咽部；将鼻咽通气道插入至足够深度后，如果患者咳嗽或抗拒，应后退1～2 cm。

19. 喉罩的种类有哪些？

可弯曲型喉罩具有一定的柔韧性，以防止口腔及其他头颈部手术时导管扭曲。插管喉罩插管成功率高，置入时不需要调整头部位置，并且盲插时不需置入手指。气管食管双导管喉罩能承受更高的气道压，以利于正压通气的应用。其后端增加的气囊和加深的通气罩使得喉部密闭性更好。

20. 第一代普通喉罩(LMA)的优缺点是什么?

优点:保持气道通畅、维持气体交换;防御异物入侵呼吸道和维持功能残气量。缺点:位置不稳定,易移位;呼吸道密封不完全;正压通气应用受限;消化道和呼吸道不能有效隔离,易发生误吸和胃胀气。

21. 第二代插管喉罩(ILMA)的优点是什么?

优点:插管时可减少气管损伤;成功率高,多次试插时,可经过 ILMA 通气,减少低氧血症发生;置入时不需要调整头部位置,适合颈椎不稳定的患者;盲插时不需将手指置入口腔。

22. 第三代气管食管双管喉罩(PLMA)的优点是什么?

优点:固定性好,可防止移位;可经引流管吸胃内容物和注入营养液;可确切鉴别喉罩插入位置是否正确;呼吸道密闭压力高,能有效防止正压通气时漏气;预防误吸作用更完善。

23. 喉罩适应证有哪些?

气管插管困难;头颈背等需要特殊体位手术;不希望使用气管插管;急诊科、重症监护室等科室急救复苏;灾难事故现场复苏;气管内异物的清除和气管、喉部的检查。

24. 喉罩禁忌证有哪些?

喉罩的使用没有绝对禁忌证,但以下情况慎用:咽喉疾病、妊娠、肥胖、短颈、肠梗阻、反流性食管炎、胃排空延迟,或饱胃时需要胃肠减压的防护措施时(可用第三代喉罩)。

25. 如何选择喉罩的大小和型号?

喉罩大小和型号的选择一般基于患者体重:小于 5 kg 选择 1 号、5~10 kg 选择 1.5 号、10~20 kg 选择 2 号、20~30 kg 选择 2.5 号、30~50 kg 选择 3 号、50~70 kg 选择 4 号、大于 70 kg 选择 5 号。

26. 喉罩的临床应用有哪些?

① 喉罩在麻醉中的应用:短小手术的麻醉、用于困难气道患者声门上通气。

② 喉罩在急诊、心肺复苏中建立紧急人工气道：深昏迷、呼吸衰竭或呼吸停止、心搏骤停、气管异物、镇静剂或麻醉剂作用、颅脑及颈部外伤、误吸或有误吸危险、意外拔管、大量难以控制的上呼吸道出血。③ 喉罩在 ICU 中应用：呼吸支持、经皮气管造口、喉-气管-支气管镜检、困难气道管理。

27. 什么是食管气管联合导管？

食管气管联合导管是一种具有食管阻塞式通气管和常规气管内插管双重功能的双管腔、双气囊导管。最早主要用于院前急救、心肺复苏及困难气道时的紧急气道处理。与常规气管内插管和喉罩等通气装置相比，它具有使用简单和置管迅速等优点，且能较可靠地减少胃内容物反流误吸的风险，已成为困难气道急救处理的有效方式之一。

28. 如何选择单腔气管导管的型号？

成人与儿童气管导管的选择标准不同。① 成人男性一般选用内径 7.5～8.5 mm 的导管，女性选用内径 7.0～8.0 mm 的导管。② 儿童气管导管内径需根据年龄和发育状况来选择，也可利用公式做出初步估计，选择内径（ID mm）= 4.0＋（年龄/4）的气管导管（适合 1～12 岁），另外需常规准备大、小规格的导管各一根，根据小儿情况再选定内径最适合的导管。如果选择加强型单腔气管导管，由于其外径粗于标准的单腔气管导管，宜选择内径小约 0.5 mm 的导管。

29. 如何选择有套囊和无套囊单腔气管导管？

单腔气管导管分为有套囊导管与无套囊导管 2 类。套囊的作用包括：① 为施行控制呼吸或辅助呼吸提供密闭气道；② 防止呕吐物等沿气管导管与气管壁之间的缝隙流入下呼吸道；③ 防止吸入麻醉气体从麻醉通气系统外逸。有套囊导管一般适用于成人和 6 岁以上的儿童，新生儿、婴幼儿和 6 岁以内的小儿一般使用无套囊导管。

30. 单腔气管导管临床应用的适应证有哪些？

单腔气管导管临床应用的适应证主要有：全身麻醉时，难以保证患者呼吸道通畅者（如颅内手术、开胸手术、俯卧位手术等）、因疾病难以保证呼吸道通畅者（如肿瘤压迫气管）、全麻药对呼吸有明显抑制或应用肌肉松弛药者、危重病患者（如休克、呼吸衰竭需进行机械通气者）等。

31. 单腔气管导管使用的并发症有哪些？

单腔气管导管使用的并发症有以下几类：① 气管内插管所引起的创伤，如口唇、舌、牙齿、咽喉或气管黏膜的损伤，偶可引起环杓关节脱位或声带损伤。② 气管导管阻塞，如气管导管扭曲、导管气囊充气过多阻塞导管开口、俯卧位时头部扭曲、头过度后仰等体位使导管前端斜开口处贴向气管壁，以及导管衔接处内径过细等可引起。③ 痰液过多或痰痂形成，常见于小儿或长时间留置导管的患者。④ 气管导管插入过深，可阻塞一侧支气管。

32. 什么是双腔支气管导管？其主要结构和功能有哪些？

双腔支气管导管是目前最常用的肺隔离气道管理工具，主要有以下 3 种类型：① Carlens 双腔管，为左侧支气管双腔气管导管，具有隆突钩，可避免导管移位，用于封闭左主支气管和主气道。② White 双腔管，为右侧支气管双腔导管，结构与 Carlens 双腔管相似，右管开口近端有一侧口供右肺上叶通气。③ Robertshaw 双腔支气管导管，是目前应用最广的双腔气管导管，此类导管无隆突钩，插管操作相对容易，但导管位置不易固定牢靠，分为左侧和右侧支气管导管。

33. 如何选择双腔支气管导管的型号？

Robertshaw 支气管导管有小、中、大 3 种型号。女性一般使用 35Fr 和 37Fr，男性一般使用 37Fr、39Fr 和 41Fr。对于导管类型的选择，为了避免阻塞右肺上叶，通常选择左侧双腔管。左侧双腔支气管导管使用的禁忌证包括左主支气管狭窄、左主支气管内膜肿瘤、左主支气管断裂、气管外肿瘤（或增大的心脏）压迫左主支气管及左主支气管分叉角度过大、左肺上叶病变等。

34. 双腔支气管导管的插管操作步骤有哪些？

麻醉诱导及喉镜暴露与单腔气管内插管相似。对于左侧双腔管，暴露声门后，将双腔管远端弯曲部分向前送入声门，当双腔管前段通过声门后，拔出管芯，轻柔地将双腔管向左侧旋转 90°，继续送管至感到轻微阻力，右侧双腔管则旋转方向相反。双腔管插入后，先充气主套囊，双肺通气，以确认导管位于气管内。然后充气支气管气囊，观察通气压力，听诊两侧呼吸音变化调整导管位置。

35. 双腔支气管导管临床应用的适应证有哪些？

双腔支气管导管临床应用的适应证包括：① 防止患侧肺脓、血等污染健侧肺；

②支气管胸膜瘘;③巨大的单侧肺大疱或囊肿;④行单侧支气管肺泡灌洗。相对适应证为使术侧肺萎陷,暴露手术野,方便手术操作,包括:肺手术、胸主动脉瘤切除、食管手术、胸腔镜检查等。

36. 双腔支气管导管临床应用的并发症有哪些?

双腔支气管导管临床应用的并发症主要有:①通气/血流比失调引起低氧血症,相关因素包括:导管阻塞右肺上叶;单肺通气继发通气/血流比失调;应用挥发性麻醉药抑制低氧性肺血管收缩,非通气侧肺血管扩张。②导管位置不良,最常见的原因是插入主支气管太深引起气道阻塞、肺不张。③气管支气管破裂。④其他并发症包括:损伤性喉炎、肺动脉阻塞、缝线误缝于双腔管壁、气道出血、喉头和声带损伤等。

37. 支气管封堵管主要有哪些种类?

① Arndt 封堵器,需要纤维支气管镜引导进入理想的支气管位置。② Cohen Flexitip 支气管封堵器,可在 4.0 mm 的纤支镜辅助下通过标准的气管导管独立进行支气管封堵。③ Univent 导管,是一种新型、可以以相对较新的方式实现支气管封堵的导管。④ Fuji 支气管封堵器,只需在纤维支气管镜引导下按照需求简单地向左或向右旋转阻塞导管即可置入目标支气管。⑤ EZ 封堵器是各类支气管内封堵器的新成员,7.0F 导管,克服了将封堵器转向至特定支气管的要求,且定位无须纤维支气管镜。在大咯血纤维支气管镜视野受限的情况下也有帮助。

38. 支气管封堵管的适应证有哪些?

支气管封堵管的适应证主要包括:适用于上、下气道解剖结构异常,患者需要行单肺通气的手术,尤其是需要堵塞叶支气管的支气管扩张、出血、肺脓肿、支气管瘘;术后需保留气管导管的患者,可避免反复插管;困难气道、小儿需单肺通气的患者。

39. 与双腔支气管导管相比支气管封堵管有哪些优缺点?

支气管封堵管的优点包括:①插管难度低于双腔支气管导管;②支气管封堵管对患者气道的刺激、生理功能干扰更小,更加适合于困难气道或者支气管狭窄的患者;③单肺通气时,气道压比双腔支气管导管明显降低,减少肺部气压伤和低氧血症的发生率;④无需多次在气道未受保护的情况下更换气管导管;⑤术后声嘶和喉痛的发生率明显低于双腔支气管导管。

支气管封堵管的缺点包括：① 使用需要纤维支气管镜的配合；② 充气套囊可能出现移位，存在气道阻塞风险；③ 萎陷侧肺吸引分泌物不如双腔支气管导管彻底。

40. 支气管封堵管的使用主要有哪些操作步骤？

① 了解病史、阅读纤维支气管镜报告；② 检查喉镜、气管导管、支气管封堵管等器械、牙垫、胶布、听诊器、吸引器等物品是否齐全，准备纤维支气管镜备用；③ 全身麻醉诱导后，常规气管插管；④ 连接气管插管与转换接头；⑤ 连接呼吸回路与转换接头；⑥ 通过气管导管推进封堵管，同时在支气管镜工作孔上采用纤维支气管镜进行查看；⑦ 旋转并导入封堵管导管，使套囊到达目标主支气管；⑧ 纤维支气管镜检查套囊位置，固定封堵管；⑨ 需要单肺通气时，套囊注气阻塞目标主支气管。

41. 如何定位支气管封堵管？

定位支气管封堵管的方法主要分为听诊法和纤维支气管镜法。听诊器定位：① 听诊双肺呼吸音，封堵管套囊注气，如目标侧肺无呼吸音，对侧肺呼吸音完整清晰，则封堵位置准确；② 听诊双肺均无呼吸音，通气阻力大，考虑封堵管放置过浅于气管内，套囊抽气后调整位置，再充气后听诊，直至正确；③ 听诊右中下肺无呼吸音，而左肺、右上肺有呼吸音，考虑右侧封堵过深，套囊抽气后回退 1 cm 再充气听诊，直至正确；④ 听诊左下肺无呼吸音，左上肺及右肺有呼吸音，考虑左侧封堵过深，套囊抽气后回退 1 cm 后再充气听诊，直至正确。纤维支气管镜定位：纤维支气管镜引导下调整封堵管位置，明视下套囊充气，评估封堵效果。

42. 小儿使用支气管封堵管的注意事项有哪些？

小儿使用支气管封堵管需注意事项包括：选择合适的导管，充分考虑操作者的熟练程度；注意气管内插管后、单肺通气前及结束后均需行气管内吸痰，避免发生气道堵塞导致术野肺萎陷不全或术后肺不张；注意支气管封堵管套囊压力的测定，防止黏膜损伤；注意支气管封堵管气囊移位的发生，在体位变动时对支气管封堵管位置进行调整和确认；注意肺复张应分次吹胀，防止复张性肺水肿和低二氧化碳血症的发生。

43. 使用支气管封堵管做好术侧肺塌陷的技巧有哪些？

① 调整支气管封堵管位置合适且不漏气；② 提前进行单肺通气，一般可在开胸前 10～15 分钟开始单肺通气；③ 单肺通气前最好不使用空氧混合，在塌陷之前通过纯氧通气对术侧肺进行彻底除氮尤为重要；④ 单肺通气后即开始对术侧支气管进行吸痰，将分泌物吸出的同时带走大气道内多余的气体，且负压吸引将加速肺的萎陷；⑤ 给予足够的肌肉松弛剂，避免肌肉松弛恢复导致的肺塌陷不良。

44. 什么是气管插管探条（bougie）？

探条（bougie）是一款简单实用的气道管理工具，长约 70 cm，质地柔韧、可塑形，前端有一小节翘起，角度约 30°。可用于辅助经口气管内插管，还常用于更换气管插管。

45. 经皮环甲膜穿刺套件包含哪些组建？主要用途有哪些？

经皮环甲膜穿刺套装主要由套管、颈带、安装好的塞子、锥形穿刺针、一次性注射器、连接管、手术刀等部件构成，主要适用于有窒息危险时，在急诊情况下因上呼吸道阻塞，有窒息危险，而插管失败或气管切开术不能安全进行或不能及时进行时，以缓解气道阻塞的情况。

46. 喷射通气的分类有哪些？

喷射通气按喷射频率分为：① 常频喷射通气，喷射频率＜60 次/min；② 高频喷射通气，定义为通气频率为正常频率 4 倍以上的辅助通气，通常通气频率≥150 次/min 或 2.5 Hz 的辅助通气。按喷射通气途径分为：声门上喷射通气、声门下喷射通气和经气管穿刺喷射通气。

47. 高频喷射通气的利弊有哪些？

高频喷射通气的优势包括：低潮气量、高频率、不影响自主呼吸、低气道压、不影响颅内压等；高频喷射通气的弊端为长时间通气后可能会造成支气管痉挛或高碳酸血症。

48. 高频喷射通气在麻醉管理中的应用有哪些？

高频喷射通气在麻醉管理中常用于耳鼻喉科的喉气道手术，如支撑喉镜下喉声带手术、气道肿瘤切除、气道异物取出等不能建立密闭气道时的通气管理。经气管穿刺高频喷射通气可用于气管插管困难病例。

（雷迁）

参考文献

［1］ 连庆泉,贾晋太,朱涛,等.麻醉设备学(第4版)[M].北京：人民卫生出版社,2016.
［2］ Michael A Gropper, Neal H Cohen, Lars I Eriksson, et al. Miller's Anesthesia (9th Ed)[M]. Singapore：Elsevier Inc，2019.
［3］ 邓小明,姚尚龙,于布为,等.现代麻醉学(第4版)[M].北京：人民卫生出版社,2014.

第十章

麻 醉 机

1. 什么是麻醉工作站?

美国材料试验协会(American Society for Testing and Materials,ASTM)国际标准把麻醉工作站描述为"给患者实施麻醉的系统",包括:麻醉气体供给设备、麻醉通气、监测及保护设备。随着医学工程技术的发展,现代麻醉机将吸入麻醉、呼吸管理、生理监测、信息处理和网络功能结合为一体,并将这种电气复合设备称为麻醉工作站。

2. 麻醉机的气路元件构成有哪些?

麻醉机的气路元件主要包括:管道、气路连接、气密垫圈、阀、仪表、气容、气阻和过滤器等。

3. 什么是麻醉机气路连接?其技术要求是什么?

衔接在不同管道、气路之间的零部件被称为麻醉机气路连接,可分为螺丝、夹板、锥度、快速连接等多种工艺方式。其主要技术要求是连接稳固,密封性好,装卸方便等。

4. 什么是麻醉机的阀?其主要功能有哪些?

气流控制元件的总称为麻醉机的阀。其主要功能包括:① 控制麻醉机气路的开通与关闭;② 控制麻醉回路中气流的方向;③ 控制气流量的大小;④ 控制麻醉回路下游气压的大小。

5. 麻醉机的阀根据功能分为哪几种类别?

麻醉机阀的根据功能分为:① 止回阀,也称为某活瓣,是指仅依靠气流动能来控制麻醉回路中气流方向的单向阀,如吸气活瓣、防逆活瓣等。② 某类阀,是指需要额外施加其他力才能实现其控制功能的气流元件,如流量调节阀、减压阀、排气阀等。③ 某开关,是指控制气路通断的阀,如快速充氧开关、新鲜气源开关等。

6. 麻醉机的气容和气阻有什么作用？

麻醉机的气容,如储气囊、风箱等可以储存麻醉回路的气体、缓冲回路压力或完成气体转移。麻醉机的气阻元件常为气流阻力很大的小口径孔道或细长的管道,主要作用是限制高压气体释放速率。气阻上游气压较高,经过气阻元件处理后的下游气压降至较低范围。

7. 什么是麻醉机的过滤器？其作用是什么？

用来过滤进入麻醉机气体中的颗粒性杂质的部件被称作是麻醉机的过滤器,作用是过滤进入麻醉机的气体颗粒,防止颗粒性杂质损坏麻醉回路的下游气路元件,甚至经新鲜气体出口进入患者气道,对患者造成不可逆的危害。

8. 麻醉机气路泄漏和阻塞故障的好发部位分别是哪里？

麻醉机的气路连接部件是麻醉机漏气故障的好发部位。麻醉机的过滤器通常由金属丝网或多孔粉末金属烧结盘组成,是麻醉机气路阻塞故障的好发部位,应注意在保养时清洗或更换。

9. 什么是麻醉机气路的高压系统？

钢瓶气源中的最大压力氧化亚氮约 5 MPa,空气约为 13.8 MPa,氧气约为 13.8 MPa。此压力显著高于医院管道气源的正常压力 0.35~0.38 MPa,称为麻醉机的高压系统部分。每个钢瓶气源都有一个称为高压调节器的减压阀,能将钢瓶中高而不稳定压力转变为低而稳定的压力,以适宜麻醉机使用。

10. 什么是麻醉机气路的中压系统？

高压气体经减压后,气压稳定在 0.35~0.38 MPa,习惯上称其为工作压。此时的麻醉机气路称为中压系统。通常包括高压调节器输出端到流量调节阀输入端的所有气路元件。

11. 什么是麻醉机气路的低压系统？

麻醉机低压系统始自流量控制阀结束于新鲜气体出口，关键组分包括流量控制阀、流量计或流量传感器、蒸发器连接装置及药物挥发罐。

12. 麻醉主机由哪些部分组成？其功能是什么？

供气系统、流量控制系统和蒸发器整合在一起构成了麻醉主机。其主要功能是为麻醉回路提供稳定新鲜气流，并控制输出气体的成分和流量，以满足吸入麻醉和呼吸管理的需要。

13. 麻醉机的主要动力气源是什么？其常见类型有哪几种？

医用氧气不仅是患者维持正常生理状态必需的吸入气体，同时也是麻醉机的主要动力气源。常见的有三种氧气源：钢瓶氧气源、液态氧气源和制氧机。

14. 麻醉机的气源供应方式有几种？

麻醉机的气源供应方式主要有集中管道供气、单机管道供气和储气钢瓶直接供气 3 种方式。

15. 麻醉机的压力调节阀的作用是什么？由哪些元件组成？

储气钢瓶直接供气时，较高的气压会危害患者和损害麻醉机，不可直接应用。同时气压随着储气的消耗进行性下降，无法保证达到麻醉机设定的流量。压力调节器的作用是将高压气源减压并稳压后用于麻醉机。压力调节器又称减压器，由减压稳压阀、安全阀和压力表组成，是位于高压系统和中压系统之间重要的衔接部件。

16. 什么是麻醉机的压力表？由哪些元件构成？

麻醉机压力表又称作压力指示器，是用来指示麻醉回路内压强数值的仪表。麻醉机气源压力表属于弹簧管压力表，由弹簧管和杠杆传动齿轮表芯构成。

17. 麻醉机氧气供应故障报警器的工作原理是什么？

麻醉机氧气供应故障报警器通常采用气动原理，报警器结构为一连接有汽笛的储气腔，储气腔入口通过单向活瓣与气源气路连接，出口为一弹簧阀。正常情况下储气腔充气，此时出口关闭。氧气源工作压低于报警阈值(0.2 MPa 左右)时，出口开放,此时储气腔内的气体排出并吹响汽笛报警,提示使用者在气源耗尽前采取措施。

18. 麻醉机氧气供应错误的防范措施有哪些？

麻醉机氧气供应错误的防范措施包括：① 医用气体必须储存在专用的储气钢瓶内,并采用醒目的颜色和标记。② 医用储气钢瓶输出口下方特定位置具有定位孔,麻醉机夹板接口相对位置具有定位销。③ 不同的气体应用特定口径的气源接头和接口。④ 接头接口的直径可调节,还可通过螺丝的左右旋及丝距等技术参数的变化防止管道错误连接。

19. 麻醉机氧气源连接错误时的典型表现是什么？应如何处理？

连接患者与麻醉机机械通气以后,当加大新鲜气体"氧气"供应,患者出现进行性缺氧加重的临床表现时,应考虑到是否存在氧气源连接错误的可能。处理：此时应立即脱离麻醉机,采用简易呼吸器为患者进行人工通气,等待麻醉机重新正确连接气源后,再连接患者进行通气。

20. 麻醉机流量控制系统的基本部件包括哪些？其主要功能包括哪些？

麻醉机流量控制系统的基本部件包括：流量控制阀、流量计、快速充氧开关、防逆活瓣和新鲜气体出口。其主要功能为：控制释放到麻醉蒸发器和回路的新鲜气体种类和流量并显示流量的大小。此外,可快速向麻醉回路提供新鲜氧气,以防止低氧混合气体的形成和输出,造成患者缺氧。

21. 麻醉机的流量控制阀的组成部件包括哪些？

流量控制阀的组成部件包括流量控制钮、针形阀、阀座和一对阀门挡块,不同麻醉机中压力回路的不同压力特征决定阀门入口的压力。尽管医院管道供气压力有所波动,在流量控制阀之前通常使用次级压力调节器以提供稳定的输入压力。

22. 什么是麻醉机的流量计？由哪些部件组成？

麻醉机的流量计是测量并显示流量控制阀输出气体流量大小的部件。常见的浮子流量计由流量管、浮子、浮子制动装置和指示刻度组成。

23. 影响麻醉机的流量计显示的因素有哪些？

影响麻醉机的流量计显示的因素有：① 大气压。流量计的刻度是在 20℃，101.3 kPa 标准状态下校准。大气压明显降低时，流量指示参数低于实际流量。大气压升高时，流量指示参数高于实际流量。② 温度。高温环境下指示参数低于实际流量，低温环境下流量指示参数高于实际流量。③ 流量计组件的气密性。④ 流量计倾斜。流量管轻度倾斜时，指示流量将高于实际流量。

24. 麻醉机氧化亚氮-氧配比系统的主要作用是什么？

麻醉机配比系统的作用是为防止产生和输出低氧混合气。即在使用氧化亚氮时，不管操作者把氧化亚氮浓度开到多大，或把氧气浓度降至多低，麻醉机都会自动限制氧化亚氮流量而不会输出低氧混合气，此功能通过氧化亚氮和氧气流的机械和气动界面相互联动或氧气/氧化亚氮流量阀的机械联动达成。

25. 麻醉机配比系统的局限性包括哪些情况？

麻醉机配比系统的局限性表现在某些情况下，具有配比系统的麻醉工作站仍可能输出低氧混合气。例如：① 配比系统故障。② 供气出错，当氧气管道错误输送其他非氧气体时，机械和气动配比系统均不能予以识别。③ 下游泄漏。④ 挥发性麻醉药对吸入氧浓度的稀释作用。⑤ 不能用于低流量全紧闭氧化亚氮麻醉时。

26. 麻醉机的定量混合气体流量计的原理是什么？

定量混合气体流量计利用其 2 个调节旋钮，通过参比压力调节器控制总流量的大小。当参比压为 0 时，比例调节阀的氧气和氧化亚氮通道都关闭。当参比压增大时，2 种气体输出同步增加。氧化亚氮阀瓣上装有调节弹簧，并控制输出气体氧浓度，完全关闭氧化亚氮时，输出气体为纯氧。调节弹簧压力降低，氧化亚氮输出增加，氧浓度下降，最低氧气浓度设计在 30% 左右。

27. 什么是麻醉机的快速充氧开关？

快速充氧开关是一个气体单向控制阀，其作用是可以手动将高流量 100% 氧气直接送到麻醉回路。快充氧开关打开时，释放的氧气不经过流量计和麻醉蒸发器，直接到达新鲜气体出口，在 3 秒左右充满麻醉回路的储气囊。快速充氧阀门平时处于关闭状态，操作者按压快速充氧按钮时，快速充氧阀被打开。因为阀门位于麻醉机气动电源开关上游，故即便麻醉机处于关机状态，此功能仍随时可用。

28. 什么是麻醉机的防逆活瓣？其作用是什么？

位于麻醉蒸发器和新鲜气体出口之间的单向活瓣被称为麻醉机的防逆活瓣。它的作用是保证麻醉气体由蒸发器单向输出到新鲜气体出口，并阻挡来自新鲜气体出口下游的气压波动反向传导到流量计和麻醉蒸发器，产生泵效应，影响蒸发器和流量计的稳定。

29. 什么是麻醉蒸发器？其功能是什么？

麻醉机中将控制挥发性麻醉药物蒸气输出浓度及输出量的专用装置称为麻醉蒸发器。其基本功能是使挥发性麻醉药汽化，并控制新鲜气体中麻醉蒸气的输出浓度。

30. 什么是吸入麻醉药的蒸气压、饱和蒸气压、沸点？

在密闭容器里，液态麻醉药分子在热运动时，一部分药液表面的分子会逸出成为蒸气，此时气态麻醉药分子撞击容器壁产生的压力称为蒸气压。在特定温度下，密闭容器中麻醉药分子液相和气相相互转变的速率达到动态平衡时，气相中麻醉药分子的蒸气压即为饱和蒸气压。沸点是液体的饱和蒸气压与大气压相等时的温度。

31. 什么是麻醉药的饱和浓度？

蒸发室内，麻醉药饱和蒸气压与容器内总压强的比值称作麻醉药饱和浓度。饱和浓度与环境气压成反比，与温度成正比。

32. 如何描述气体浓度？

当我们描述一种气体在混合性气体中所占的比例时，可以使用各种气体产生的分压（mmHg）或者容积百分比来表示，容积-百分比即某种气体的体积占气体总体积的百分比（v/v%）。

33. 什么是比热？比热的概念为什么重要？

比热是指1g某种物质，温度升高1℃时所需的热量数。比热的概念对蒸发器的设计、制造以及操作都非常重要，原因是：① 药液蒸发期间，热量会丢失，比热值会表明需要补充多少能量才可使液体温度稳定；② 需选择高比热的金属材料才能将药物蒸发引起的温度变化降至最低。

34. 麻醉蒸发器的分类有哪些？

麻醉蒸发器分类：① 针对蒸发器与麻醉回路的关系，蒸发器最初分为：回路内蒸发器和回路外蒸发器；② 特殊类型蒸发器：双重回路蒸发器（如传统的地氟烷蒸发器）；可变旁路蒸发器；经典的流速测定蒸发器（如铜罐蒸发器）；盒式蒸发器（如 datex-ohmeda aladin 蒸发器）；注射式蒸发器（maquet 蒸发器）。

35. 什么是麻醉机的回路内蒸发器？

安装在麻醉回路内，以患者的呼吸气流为工作气流的蒸发器被称为回路内蒸发器。通常是可变旁路、非专用型蒸发器，位于吸气管道中，气流阻力小，且输出浓度无法标定量化，吸入强效麻醉药时临床应用风险大，现代麻醉机大多不推荐使用。但位于回路内部的蒸发器多会有一个麻醉药物蒸馏系统，这个系统对麻醉学有着重要的历史意义，且目前还被用于很多装置中。

36. 什么是麻醉机的回路外蒸发器？

回路外蒸发器是指安装在麻醉回路外，以新鲜气体为工作气流的蒸发器。几乎所有现代蒸发器均位于麻醉回路外，常规安装在麻醉机流量计与新鲜气体出口之间，通过新鲜气体管道引入麻醉回路，进行药物浓度的控制性输出，工作气流稳定，目前主流的蒸发器均属于回路外蒸发器。

37. 什么是麻醉机的可变旁路式蒸发器？分为哪些部分？

可变旁路蒸发器是指在入口处分为旁路和蒸发室两个气流通道,将新鲜气流分为稀释气流和载气流，通过调节分流比从而调节蒸发器输出药物浓度的一种蒸发器。可变旁路蒸发器由分流控制阀和蒸发室两个部分组成。可分为：① 麻醉回路外，具有较高气流阻力的增压型；② 麻醉回路内，气流阻力较低的蒸馏型。目前大部分的临床蒸发器是位于麻醉回路外的增压型可变旁路式蒸发器。

38. 什么是麻醉机的稀释气流和载气流？

新鲜气流分两路进入可变旁路蒸发器的 2 个气流通道，绝大部分气体经旁路直接到达蒸发器出口，称为稀释气。另外小部分气体进入蒸发室，与麻醉药物气化后的蒸气混合后输出，称为载气。2 个通道的气流在蒸发器出口混合最终输出到麻醉回路。临床上可通过改变稀释气流与载气流的分流比，调节输出气体中麻醉药物的浓度。

39. 可变旁路式蒸发器基本的蒸发器组成部件包括哪些？

绝大多数可变旁路蒸发器的基本组成部件包括新鲜气体进气口、浓度控制转盘、旁路、蒸发室、出气口以及加药装置。

40. 可变旁路式蒸发器的分流控制阀应具备哪些基本功能？

可变旁路式蒸发器的分流控制阀应具备：① 关闭状态时，旁路通道完全开放，全部新鲜气体直接到达蒸发器的输出口，并阻断蒸发室与旁路的联系。② 使用状态时，在一定范围内可通过调节旁路和载气通道的阻力，改变稀释气流和载气流的分流比，控制输出药物浓度。

41. 理想的蒸发室应具有哪些性质？

理想的蒸发室应具有：汽化效率高，载气能很快达到饱和浓度；麻醉药汽化可引起蒸发室内温度降低，理想的蒸发器应具备良好的热力学结构，可吸收环境热能并传递到蒸发室内；必须通过特定装置才能填充药液，以防被其他麻醉剂错误填充，引发安全事故；可实时监测和显示蒸发室内的实际药液储量，以防药液过少引发患者术中知晓。

42. 提高可变旁路式蒸发室效能主要有哪些技术途径？

理想的可变旁路式蒸发器输出浓度应保持相对稳定，且不受气流速度、温度、回路间歇反向压力、载气成分的变化以及大气压变化的影响。提高可变旁路式蒸发室效能主要技术途径有：① 扩大液气接触表面积，扩大有效蒸发面积；② 将蒸发芯紧贴蒸发室内壁安装以加强热传导；③ 附加热源，如恒温热水浴、电辅助加热等。

43. 可变旁路式蒸发器输出浓度的影响因素有哪些？

可变旁路式蒸发器输出量的影响因素包括：① 大气压；② 温度；③ 蒸发器的"泵效应"；④ 新鲜气体流量及流速；⑤ 蒸发器振荡和倾斜的影响；⑥ 麻醉药填装错误；⑦ 蒸发器的机械故障。

44. 大气压变化如何影响可变旁路式蒸发器输出浓度？

当环境气压增高时，蒸发室内的麻醉药饱和浓度降低，蒸发器的输出浓度降低。反之，环境气压下降时，饱和浓度升高，蒸发器输出浓度增高。因此，在大气压明显改变的条件下,蒸发器应该根据使用环境和既定条件标定实际输出浓度。

45. 温度变化如何影响可变旁路式蒸发器输出浓度?

温度增高时分子运动加剧,蒸发室内麻醉药饱和蒸气压增加,输出浓度增加。温度降低时,饱和蒸气压下降,输出浓度降低。无温度补偿蒸发器的额定输出浓度会随温度变化而明显改变,因此,可变旁流蒸发器多采用变流温度补偿装置来改善温度特性。

46. 气体流速的变化如何影响可变旁路蒸发器输出浓度?

气体流速的影响在气流速度过高或过低、浓度控制转盘旋至较大刻度时影响尤为突出。由于挥发性麻醉药的密度相对较高,流速较低时(<250 mL/min)蒸发室内气体湍流不充分,流速较高时(如 15 L/min),蒸发室内气体混合、饱和不完全,都会造成可变旁路蒸发器输出浓度低于设定值。此外,气流速度增加时,旁路和蒸发室的阻力特性也会发生相应的改变。

47. ASTM 标准对可变旁路蒸发器输出浓度的要求是什么?

按照美国材料试验协会标准(American Society for Testing and Materials,ASTM)要求,可变旁路蒸发器输出平均浓度不应高于设定值的 30% 或者低于 20%,而且不能高于最大设定值的 7.5% 或者低于 5%。

48. 什么是蒸发器的"泵效应"?

正压通气或快速充氧会产生间歇性反向压力,使得蒸发器输出浓度高于浓度控制转盘设定值,这种现象称为"泵效应"。低流速、低浓度设定值以及蒸发器内麻醉药液面较低时,泵吸效应将更为显著。此外,在高呼吸频率、高吸气峰压及呼气相压力快速下降时,泵吸效应也相应增强。

49. 形成蒸发器"泵效应"的原理是什么?

当吸气时,麻醉回路内气压上升,造成气体向蒸发器逆流,此时蒸发室内气体被压缩,浓度增大。呼气时,反向压力突然释放,蒸发室内饱和麻醉蒸气迅速解压,由于旁路室出口阻力小于蒸发室入口,蒸气得以经蒸发室入口逆行。此现象在低浓度设定时尤为明显,逆行进入旁路室的蒸气使挥发器输出浓度增加。

50. 可以通过哪些原理来减小蒸发器的"泵效应"？

原理包括：① 通过缩小蒸发室空间，在呼气相不会造成大量蒸气从蒸发室进入旁路室。② 将蒸发室入口设计成细长的螺旋管和迷路管，蒸发室压力释放时，由于管道细而长，部分蒸气进入管内，得以缓冲，而不进入旁路室。③ 在总气体出口处增设了单向阀，可有效减轻泵吸效应。

51. 现代可变旁路式蒸发器设置了哪些安全部件？

现代可变旁路式蒸发器的安全部件有：① 设计了内部安全装置，以减少或消除相关危险。② 设置了专用钥匙式加药器能防止加错药物。③ 为防止蒸发器内加药过满，加药口始终位于最高液体安全平面。④ 设置为固定在麻醉工作站蒸发器底座上，无需移动位置，杜绝了蒸发器倾斜问题。⑤ 设置了罐间互锁系统，能有效防止同时应用一种以上挥发性麻醉药现象。

52. 现代可变旁路式蒸发器的潜在危险有哪些？

现代可变旁路式蒸发器的潜在危险包括：① 加错药物：麻醉蒸发器加错药物可能引起药物输出浓度异常，因此蒸发器配备有专用加药器。② 污染：加错药物时会造成蒸发器药物污染。③ 倾斜：拆卸或移动蒸发器方法不正确时，蒸发器可能会过度倾斜，使液态麻醉药进入旁路室，导致输出极高浓度药物。④ 加药过满：加药方法不正确时，会损坏蒸发器视窗，导致加药过满，引发药物过量。⑤ 泄漏：蒸发器与蒸发器-麻醉机接口处都可能发生气体泄漏，在麻醉期间引发术中知晓。

53. 地氟烷不适宜采用可变旁路式蒸发器的主要原因是什么？

地氟烷不适宜采用可变旁路式蒸发器的原因：① 地氟烷沸点低。② 地氟烷由于蒸发率较高，需要大量的稀释气流。③ 地氟烷具有较高的蒸发率，会使麻醉药物过度冷却，蒸发室温度下降过快，影响蒸发效率及输出浓度。

54. 典型的麻醉蒸发器有哪些？

典型的麻醉蒸发器有：① 可变旁路回路内蒸发器，如 Goldman 蒸发器；② 流量测量通用定量型回路外蒸发器，如铜罐蒸发器；③ 可变旁路专用定量型回路外蒸发器，如 Drager 19 系列蒸发器、Ohmeda Tec 系列蒸发器；④ 注射式蒸发器，如 Maquet 蒸发器；⑤ 电控蒸发器，如 Datex-Ohmeda Aladin 盒式蒸发器。

55. 什么是麻醉回路？

麻醉回路是麻醉机中直接进行患者呼吸气体管理和机械通气的中空管道系统，又称为麻醉通气系统。包括气体流动的低阻管道、满足患者吸气流量要求的气体储存库和用以排出多余气体的呼出口或呼出阀。

56. 完整的麻醉回路应具备哪些功能？

麻醉回路应具备的功能有：① 储存来自麻醉主机的新鲜气流；② 向患者输送氧气及麻醉气体；③ 清除患者呼出的二氧化碳；④ 提供自主呼吸和控制通气模式；⑤ 在仪器仪表上显示相应的监测信息。

57. 什么是麻醉机的复吸入？

复吸入是指患者的呼出气体经麻醉回路再次吸入肺内的过程。麻醉回路设计过程中应尽量避免二氧化碳的复吸入，以免造成高碳酸血症。同时应重复利用其中有价值的成分，如氧气、水蒸气和麻醉气体等。

58. 什么是麻醉回路的无效腔？

直接与患者解剖气道相延续，呼出气体无成分变化地全部复吸入回肺内的那部分管道空间，称为麻醉回路的无效腔。

59. 什么是麻醉回路阻力？

麻醉回路阻力分为沿程阻力和局部阻力。气体通过直径和形态固定的管道时，气体分子之间及气体分子与管壁之间摩擦而损失的能量称为沿程阻力。当气体通过管道几何形态发生明显改变的结构，如拐弯、直径扩大或缩小时，气体分子间产生撞击、湍流并与结构内壁摩擦，造成的能量损失称为回路阻力。

60. 什么是麻醉回路内顺应性？

麻醉回路在气道压作用下，能随气道压力的增加而发生扩张性体积改变，这种回路能随压力扩张的特性称为麻醉回路内顺应性。部分进入回路的气体因回路顺应性而不能到达患者的肺内。机械通气时，顺应性越大、气道压越高，其损失的潮气量越多，因此需要适当加大通气机的潮气量来补偿。

61. 麻醉回路中,患者的呼出气体可以分为哪两个部分？

麻醉回路中呼出气体分为：① 无效腔气,即吸气末停留在解剖无效腔的气体,约占潮气量的 1/3,这部分气体尚未进行气体交换,便于呼气早期首先呼出。② 肺泡气,即呼吸性细支气管和肺泡经过气体交换后呼出的气体,这部分气体氧气浓度较低且富含二氧化碳,随无效腔气以后呼出,约占潮气量的 2/3。

62. 什么是开放吸入麻醉回路？

患者的呼气和吸气均不受麻醉机的控制。吸入的气体来自大气,呼出的气完全排入大气的麻醉通气系统被称为开放吸入麻醉回路。

63. 什么是半开放吸入麻醉回路？

麻醉回路提供全部新鲜气流给患者吸气,呼出气体借助新鲜气流,抑或通过单向活瓣大部分排入大气,复吸入的二氧化碳浓度低于 1% 的麻醉通气系统被称为半开放吸入麻醉回路。

64. 什么是半紧闭吸入麻醉回路？

麻醉回路仅提供部分气流供给患者吸气,且呼出的气体部分保留在回路内,形成一定程度的复吸入,复吸入肺内的二氧化碳浓度高于 1% 的麻醉通气系统称为半紧闭吸入麻醉回路。

65. 什么是紧闭吸入麻醉回路？

紧闭吸入麻醉回路是指患者的吸入气和呼出气全部由麻醉回路管理,呼出的气体由麻醉机的二氧化碳吸收剂吸收处理,其他气体成分将全部重复利用的麻醉通气系统。

66. 麻醉回路根据其复吸入程度可分为哪几类？

麻醉回路根据其复吸入程度可分为：① 无复吸入回路：全部呼出气体排放到大气中。如开放点滴面罩、吹入装置和无复吸入活瓣回路等。② 包含二氧化碳吸收系统(循环回路系统)。③ 未包含二氧化碳吸收器的回路系统(Mapleson 系统)。

67. 麻醉回路根据其呼出气处理方式分为哪几类？

麻醉回路根据其呼出气处理方式分为：① 呼出气未经处理直接完全排入大

气；② 单向活瓣将患者的呼吸气体分离，并将全部呼出气排出麻醉回路；③ 利用大量新鲜气流将呼出气体冲洗出麻醉回路，并将复吸入程度控制在安全范围；④ 呼出气的二氧化碳经化学吸收技术处理，使回路内吸入气不含二氧化碳，并同时重复利用呼出气其他有临床价值的成分。

68. 什么是无复吸入活瓣回路？其主要缺点是什么？

患者吸入气完全由麻醉回路提供，呼出气经单向活瓣技术分离，完全经呼气活瓣排出，这种借助单向活瓣技术实现无复吸入的麻醉回路称为无复吸入活瓣回路，也称半开放回路。其主要缺点是：单向活瓣阻力较大，活瓣阻力受水蒸气影响时，增加更为明显，易增加患者的呼吸功，造成通气不足。

69. 什么是气流冲洗式回路？

大量新鲜气流定向冲洗呼吸管道，将大部或全部的呼出气排出麻醉回路的一种麻醉回路称为气流冲洗式回路，现也称 Mapleson 系统回路。Mapleson 系统多用于麻醉工作站、特别是在儿科，也常常被用于运送患者、镇静操作、拔除气管导管等过程中的通气给氧以及出手术室患者的预吸氧等气道管理。

70. Mapleson 系统回路原理中，A 和 D 回路各适用于什么情况？

Mapleson A 回路主要适于管理自主呼吸。在自主呼吸良好的条件下，仅需和分钟通气量等同的新鲜气流量，便可达到基本无复吸入的状态。Mapleson D 回路则适于管理控制通气，但复吸入大，不宜管理自主呼吸。

71. 什么是循环回路？

"循环回路"是指将 2 个单向活瓣、两根呼吸波纹管、二氧化碳吸收罐，以及排气阀、储气囊等回路部件环形安排，并使呼吸气体循环流动反复利用的回路系统。

72. 麻醉机循环回路的优点包括哪些？

循环回路系统的优点有：① 吸入气各成分的浓度可保持相对稳定；② 呼出气中水分和热量能得到较好保存；③ 可清除呼出气中的二氧化碳；④ 麻醉气体可重复吸入，获得良好的经济效益；⑤ 减少手术室污染。

73. 麻醉机循环回路的缺点包括哪些？

麻醉机循环回路系统的缺点为构造较为复杂，整个麻醉回路中大约有 10 个连接部位。然而，各连接部位都可能会出现误接、脱落、堵塞和泄漏等，而出现麻醉机故障或产生相应安全隐患。

74. 麻醉储气囊具有哪些重要功能？

麻醉储气囊的重要功能包括：① 作为呼出气体和多余气体的储存容器；② 提供人工通气传输设备或辅助自主呼吸；③ 作为一种监测自主呼吸强弱的可见可触方法；④ 防止患者承受呼吸系统内的突然过大的正压，如 APL 阀的误关闭或废气清除管路阻塞。

75. 什么是回路排气阀，有几种设计？

用于及时将回路内多余气体排出麻醉回路的手工操作部件称为回路排气阀。主要包括：放气阀、溢流阀和可调压力限制阀（APL 阀）3 种设计。

76. 为避免二氧化碳复吸入，循环回路组件排列顺序必须遵循哪些原则？

回路组件排列顺序必须遵循 3 个原则：① 回路吸气支和呼气支内的单向阀必须位于患者和储气囊之间；② 新鲜气流不能从呼气阀和患者之间进入回路；③ 溢气阀（减压阀）不能位于患者和吸气阀之间。

77. 麻醉机中理想的二氧化碳吸收剂应具有哪些特点？

理想的二氧化碳吸收剂应具有：① 与常用挥发性麻醉药不发生反应，本身无毒性，很少产生粉尘，价格低，使用方便；② 气流阻力低，二氧化碳吸收效率高，且应有可靠方法评估二氧化碳损耗；③ 对呼吸回路的泄漏或阻塞影响小。

78. 哪些措施可以减少挥发性麻醉药同传统二氧化碳吸收剂之间不良反应的发生？

减少挥发性麻醉药同传统二氧化碳吸收剂之间不良反应的措施包括：① 麻醉机不使用时，关闭所有气体；② 规律地更换吸收剂；③ 当吸收剂的颜色发生改变时应进行更换；④ 串联的吸收罐系统中，2 个吸收罐中的吸收剂都要更换；⑤ 能确定吸收剂的水化状态时应更换；⑥ 如使用压缩型吸收罐更应经常更换。

79. 麻醉工作站中吸收剂清除二氧化碳的能力与什么相关？

吸收剂消除二氧化碳的能力的相关因素有：① 呼出气与吸收剂接触面积；② 吸收剂吸收二氧化碳的能力；③ 功能正常吸收剂的数量。

80. 手术室内废气污染中，与麻醉技术相关的因素有哪些？

手术室废气污染与麻醉技术相关的因素包括：① 当回路未连接患者端时，气体流量控制阀或挥发罐并未关闭；② 不合适的面罩；③ 回路向手术室内快速充气；④ 蒸发器加药，特别是发生泄漏时；⑤ 使用不带套囊的气管导管；⑥ 废气清除系统故障；⑦ 麻醉机提供的麻醉气体量超过患者的需要量，多余的麻醉气体排放到手术室内。

81. 麻醉机经典的废气清除系统由哪几部分组成？

麻醉机经典的废气清除系统包括：① 废气收集装置；② 输送管道；③ 废气清除中间装置；④ 废气处理集合管；⑤ 主动或被动式废气处理装置。

（苏永维）

参考文献

[1] 连庆泉.麻醉设备学(第4版).北京：人民卫生出版社，2006.
[2] Dorsch JA, Dorsch SE. The anesthesia machine. In Dorsch JA, Dorsch SE, eds. Understanding Anesthesia Equipment, 5th ed. Baltimore: Williams & Wilkins; 2008: 83-118.
[3] Ronald D. Miller Miller's Anethesia. 8th ed. Philadelphia: Churchiu Livingtong, 2014.
[4] Gordon PC, James MF, Lapham H, Carboni M. Failure of the proportioning system to prevent hypoxic mixture on a Modulus II Plus anesthesia machine. Anesthesiology, 1995; 82: 598-599.
[5] Cheng CJ, Garewal DS. A failure of the chain-link mechanism on the Ohmeda Excel 210 anesthetic machine. AnesthAnalg. 2001; 92: 913-914.
[6] Eisenkraft JB. Anesthesia vaporizers. In Ehrenwerth J, Eisenkraft JB, eds. Anesthesia equipment: principles and applications. St. Louis: Mosby; 1993: 57-88.
[7] Dräger Medical. Dräger Vapor 2000: anaesthetic vaporizer instructions for use, ed 11, Lubeck, Germany: Dräger Medical; 2005.
[8] Andrews JJ, Johnston RV Jr. The new Tec 6 desflurane vaporizer, Anesth Analg. 1993;

76: 1338.
- [9] Miller DM. Breathing systems reclassified. Anaesth Intensive Care 1995; 23: 281-283.
- [10] Dorsch JA, Dorsch SE. The circle breathing systems. In Dorsch JA, Dorsch SE, eds. Understanding Anesthesia Equipment, 5th ed. Baltimore: Williams & Wilkins; 2008: 223-281.
- [11] Hunt HE: Resistance in respiratory valves and canisters. Anesthesiology. 1955; 16: 190.
- [12] 邓小明. 现代麻醉学(第4版). 北京: 人民卫生出版社, 2014.

第十一章

呼 吸 机

1. 什么是机械通气？

机械通气(mechanical ventilation)是指当患者出现通气和(或)氧合功能障碍时，利用呼吸机来代替、控制或者改变自主呼吸运动的一种通气方式。机械通气可以维持气道通畅、改善通气和氧合、防止机体缺氧和二氧化碳蓄积，是治疗呼吸衰竭和危重症患者呼吸支持最为有力的手段。

2. 哪些人需要使用呼吸机？

呼吸机作为人工替代自主通气功能的设备，主要适用于各种原因所致的呼吸衰竭、围术期的麻醉呼吸管理、呼吸支持治疗(如急性呼吸窘迫综合征、睡眠呼吸暂停综合征、肺栓塞、肺纤维化)和急救复苏等。

3. 呼吸机的基本构成部分？

呼吸机的基本结构包括：① 气源；② 供气和驱动装置；③ 空氧混合器；④ 控制部分；⑤ 呼气部分；⑥ 监测报警系统；⑦ 呼吸回路；⑧ 湿化和雾化装置。

4. 呼吸机的工作原理？

呼吸机的基本工作原理是利用机械动力建立肺泡和外环境之间的压力差，完成肺泡充气和排气的过程。在吸气相的时候产生正压，将气体压入肺内，当压力上升到一定水平，呼吸机停止供气，呼气阀打开，患者的胸廓和肺产生被动性萎缩，产生呼气。

5. 呼吸机按驱动方式如何分类？

按驱动方式将呼吸机分为气动气控、电动电控、气动电控3类。① 气控气动呼吸机:控制系统和输气系统均以压缩气体(氧气)为动力,多见于便携式急救呼吸机;② 电动电控呼吸机:控制系统和输气系统均以电力驱动,定点使用,多见于围术期麻醉呼吸管理;③ 气动电控呼吸机:输气系统以压缩气体驱动,控制系统以电力驱动,使用电子控制技术,可实现多种复杂功能和监测功能,多见于呼吸治疗呼吸机。

6. 呼吸机的电路应满足什么要求?

呼吸机内部电路属于低压直流电路,但工作环境为 220 V 交流电,因此呼吸机的电路应能满足:① 可将 220 V 交流电降低为低压交流电;② 将低压交流电整流为直流电;③ 交流电源电压在一定范围内波动时(±10%~20%),仍能保证输出恒定的直流电压;④ 在用电负荷波动条件下,输出直流电压不发生明显变化;⑤ 在外接交流电出现高电压冲击或电路出现过载短路故障时,能自动切断交流电源。

7. 根据用途分类的常见呼吸机类型?

① 急救呼吸机:主要用于现场急救,便携、操作简便,结构和功能简单;② 呼吸治疗呼吸机:主要用于呼吸功能不全患者的长期通气支持,具备多种辅助通气模式、通气力学监测等功能;③ 麻醉呼吸机:主要用于围术期麻醉呼吸管理,多与麻醉机组装为一体,以麻醉回路作为终端输出气路;④ 高频呼吸机:通气频率>60 次/分,通气压力低;⑤ 无创呼吸机:用面罩或鼻罩进行通气支持,多用于睡眠治疗及呼吸衰竭患者。

8. 完整的呼吸周期包括哪几部分?

完整的呼吸周期包括吸气启动、肺充气、呼气切换、肺排气 4 个部分。① 吸气启动是指呼吸机由呼气期或静息状态转为吸气期的过程;② 肺充气是指呼吸机向肺内输送气体的过程。压力输气系统以压缩气体释放的形式向肺内输送气体,容量输气系统以容积转移的形式向肺内输送气体;③ 呼气切换是呼吸机由吸气期转为呼气期的切换;④ 肺排气是呼吸机停止送气、肺内气体排出体外的过程。

9. 呼吸机的常见参数?

呼吸机的调控参数主要包括时相参数和气量参数。时相参数主要包括通气频率(f)、吸呼比(I∶E)等;气量参数包括潮气量、分钟通气量、气道峰压等。

10. 呼吸机常见参数设置?

① 通气频率(breathing rate 或 f)为呼吸机每分钟通气次数,常频呼吸机为 4～60 次/分,高频呼吸机可达 60～3 600 次/分。② 吸呼比(inspiration∶expiration,I∶E)是以吸气时间为 1,与呼气时间的比例,常见调节范围为 1∶1～1∶3。③ 潮气量(tidal volume,VT)是呼吸机每次输出气体的容积,调节范围:成人 200～1 000 mL,小儿 5～200 mL。④ 分钟通气量(minute volume,MV)为呼吸机每分钟输出气量的总和,范围为 1～15 L/min。⑤ 气道峰压(peak airway pressure)简称气道压,是吸气期的最高气道压,通常可调范围为 0～4.0 kPa(0～40 cmH$_2$O)。

11. 什么是吸气末平台?

吸气末平台(end-inspiration plateau)是指在机械通气时,于吸气末呼气前,通过呼吸机的控制装置再停留一段时间(0.3～3 秒),此期间不再继续供给气流,但肺内的气体可以再分布,使不易扩张的肺泡充气,气道压从峰压下降,形成吸气平台。吸气末平台可以借助呼吸机建立气道与肺泡间的压力差,从而给呼吸功能不全的患者以呼吸支持。

12. 什么是呼气末正压?

通常情况下呼吸机对呼气期气道压不做限定,呼气末期气道压与大气压平衡。如果在呼吸机呼气出口安装限压阀对气道压实施限定,就会使呼气末期的气道压不能与大气压平衡,这种呼气末期呼吸气路内压高于大气压的现象称为呼气末正压(positive end-expiratory pressure,PEEP)。PEEP 使患者肺内压在呼气末仍高于大气压,有利于维持小气道开放和肺泡扩张,增加功能残气量,改善肺泡换气功能,纠正肺换气性低氧血症,主要用于急性呼吸窘迫综合征(acute respiratory distress syndrome,ARDS)和肺不张的患者。

13. 什么是控制通气?

控制通气(controlled mechanical ventilation,CMV)是指因患者无自主呼吸或自主呼吸极弱,需通过呼吸机来控制呼吸的一种通气方式。患者按照预设的通气频率、吸呼比、潮气量三项基本工作参数来完成每一个通气周期,通气节律不受患者自主呼吸影响。当患者存在自主呼吸时,可能会出现呼吸机对抗。

14. 什么是辅助通气？

辅助通气（assisted mechanical ventilation，AMV）是指呼吸机必须由患者的主动吸气触发，然后呼吸机按照预设的参数进行辅助。需设定吸气灵敏度、吸呼比、潮气量（或气道峰压）等工作参数。患者的通气节律由自主呼吸行为控制，不会发生呼吸机对抗。如果患者自主呼吸停止，呼吸机也停止工作。

15. 什么是容量控制通气？

容量控制通气模式（volume control ventilation，VCV）指每次通气的潮气量恒定，而气道压随患者气道阻力和胸肺顺应性因素发生变化。使用者需设定通气频率、吸呼比、潮气量（或通气量）等工作参数。

16. 什么是压力控制通气？

压力控制通气（pressure control ventilation，PCV）指每次通气的气道压恒定，而通气量取决于气道压与患者胸肺顺应性及通气阻力的关系的一种通气模式。需设定通气频率、吸呼比、气道峰压、吸气流速等工作参数。

17. 呼吸机常见的通气模式有哪些？

呼吸机常见的通气模式有：容量支持通气（volume support ventilation，VSV）、压力支持通气（pressure support ventilation，PSV）、间歇性正压通气（intermittent positive pressure ventilation，IPPV）、持续气道正压通气（continue positive airway pressure，CPAP）、同步间歇性指令通气（spontaneous intermittent mandatory ventilation，SIMV）、指令每分钟通气（mandatory minute ventilation，MMV）等。

18. 什么是容量支持通气？

容量支持通气（volume support ventilation，VSV）是根据患者情况预设潮气量或通气量，患者触发辅助通气状态后，呼吸机先以 5 cmH$_2$O 吸气压力试验通气，测量实际潮气量。如果低于预定值，呼吸机自动提高吸气压力，直至达到预定的潮气量水平。如果实测值高于预定值，呼吸机自动降低吸气压力，恢复到预定的潮气量水平。

19. 什么是压力支持通气？

压力支持通气（pressure support ventilation，PSV）是指在患者有自主呼吸的前提下，每次吸气都接受一定水平的压力支持，增加患者的吸气深度和吸入气体量。吸气压力随患者的吸气动作开始，随吸气流速减少到一定程度而结束，受吸气流速的反馈调节。

20. 什么是间歇性正压通气？

间歇性正压通气（intermittent positive pressure ventilation，IPPV）是指呼吸机在吸气相产生正压，将气体压入肺内，压力上升到一定的水平或者吸入的容量达到一定的水平后，呼吸机停止供气，呼气阀打开，患者的胸廓和肺被动性萎陷，产生呼气。该通气模式下，在吸气相是正压、呼气相时压力为零。临床上主要适用于各种以通气功能障碍为主的患者，如慢性阻塞性肺疾病（chronic obstructive pulmonary disease，COPD）。

21. 什么是同步间歇指令通气？

同步间歇指令通气（spontaneous intermittent mandatory ventilation，SIMV）是指呼吸机在每分钟内按照预设的呼吸参数给予患者指令性的通气。患者可存在自主呼吸，不受呼吸机影响，若在触发窗内出现自主呼吸，呼吸机的吸气启动和呼气切换均与患者的自主呼吸同步，协助患者完成自主呼吸；若触发窗内无自主呼吸，则在触发窗结束时给予间隙正压通气。SIMV 的主要优点是能减少患者自主呼吸与呼吸机对抗，防止呼吸肌萎缩与运动失调，减少呼吸对心血管系统的影响。

22. 什么是持续气道正压通气？

持续气道正压通气（continue positive airway pressure，CPAP）是在自主呼吸条件下，使用限压阀控制气道压，在吸气相给予持续正压气流，呼气相给予一定的阻力，使整个呼吸周期的气道压均高于大气压的一种通气支持模式。肺通气量和吸气动力均由患者自主呼吸的频率和深度决定。吸气时持续的正压气流大于吸气气流，有利于减少患者吸气做功，增加功能残气量，防止气道及肺泡萎陷。多用于脱机前的呼吸锻炼。但该方式对循环的影响较大，且肺组织容易受到气压伤。

23. 呼吸机的安全阀类型及主要功能？

呼吸机的安全阀有：① 呼气安全阀：可保证患者气道压在一个安全范围之

内,防止高气道压损伤和呼吸机工作异常。② 旁路吸入阀:在呼吸机正常工作时,该阀是关闭的。但一旦供气中断,可保证患者供气,避免窒息。

24. 湿化装置的分类及主要功能?

人工气道不具备自然呼吸道的加温加湿功能,长时间人工通气管理时必须考虑吸入气体的湿化。呼吸机中湿化装置主要有雾化器和加温湿化器2种:① 雾化器:以雾滴的方式增加气体的含水量,无气体加温作用,可以将水中的溶质带入气体中进行吸入治疗。常见的有射流雾化器和超声波湿化器;② 加温湿化器:以水蒸气的形式增加气体的含水量,加湿加温,更接近人体生理。常见的有恒温湿化器和热湿交换器。

25. 热湿交换器的原理和优点?

热湿交换器又称人工鼻,其内部有化学吸附剂,当患者呼出气体时保存水分,吸入气体时则通过交换器进行湿化,内部顺应性较小,能保持体温,为避免细菌滋生,导致的呼吸道感染,多一次性使用。湿化水应使用蒸馏水,防止盐分结晶。

26. 呼吸机报警的分类及常见问题?

根据美国呼吸治疗协会(American Association Respiratory Care,AARC),将呼吸机报警分为以下3类:① 第一类:危及生命,须立即处理。视觉和听觉报警,不能被人为消声,直至故障消除。常见问题为电力不足、气源不足、呼气阀失灵、窒息等。② 第二类:危及生命的潜在威胁,需尽快处理。听觉和视觉报警,可暂时人为消声。常见问题有蓄电池电压不足、管路漏气、空氧混合器失灵等。③ 第三类:不危及生命,仅有视觉报警。如轻度呼吸对抗、通气参数不合适等。

27. 呼吸机故障时的应对原则?

呼吸机故障时,应立即采取紧急应对措施:① 立即脱离呼吸机,改换手动控制呼吸;② 临床检查、评估患者的呼吸功能;③ 检查呼吸机报警提示的异常信号;④ 检查呼吸机的电源、气源及其连接情况;⑤ 自患者端开始,检查呼吸机呼吸回路的所有连接部位;⑥ 检查呼吸机的报警设置情况,排除人为设置不当造成的报警。

28. 呼吸机能源报警的分类和识别?

呼吸机的能源报警分为电源故障报警和气源故障报警。① 电源故障报警:当意外停电或电源插头脱落时,会立即出现报警信号或提示蓄电池供电,提示医务人员呼吸机无电力供应,即将停止工作。② 气源故障报警:氧气源或压缩空气源压力低于某一水平时,呼吸机会发出声光报警。

29. 气道压报警的分类及常见的原因?

气道压报警有气道压过低和气道压过高报警两类。① 气道压过低报警多见于呼吸回路脱连接或严重漏气、呼吸阀漏气、潮气量设置太低、气道压报警下限设置过高、辅助通气模式下自主呼吸停止等故障。② 气道压过高报警多见于呼吸管道或气管导管梗阻、呼吸回路积水、潮气量设置过大、气道压报警上限设置过低、呼吸对抗、压力换能器故障、呼气阀梗阻等故障。

30. 气道压过低报警的处理原则?

气道压过低的报警处理原则为:① 排除能源故障;② 排除换能器故障;③ 排除呼吸回路连接部位和呼气阀漏气故障;④ 排除气道压下限设定值过高原因,减低设定值低于实际气道压;⑤ 如为自主呼吸停止,应改为控制通气模式;⑥ 如为高顺应患者,可提高潮气量设定值,使气道压高于下限默认值。

31. 气道压过高报警的处理原则?

气道压过高报警的处理原则为:① 排除压力换能器故障;② 排除呼吸回路、气管导管、多余气体阀或呼气阀梗阻故障;③ 排除呼吸回路积水或吸痰清理呼吸道;④ 排除气道压报警上限设定值过低原因,增大设定值高于实际气道压(通常为 $40\ cmH_2O$);⑤ 通气阻力较大的患者,可减小潮气量设定值,使气道压降低,同时增加通气频率维持每分通气量;⑥ 自主呼吸恢复呼吸对抗的患者,可改为辅助通气。

32. 吸气触发的方式?

吸气触发主要有压力触发和气流触发两类。① 压力触发:设置吸气灵敏度低于大气压或低于 PEEP 的数值,当压力传感器监测到最低气道压力低于设定值时,触发呼吸机输出气体产生吸气,并接受预先设定的支持压力。② 气流触发:根据流量传感器检测到的气流的大小和方向触发吸气周期,可设置通气频率或通气量阈值,患者可保持自主的呼吸频率,也能在自主呼吸抑制或暂停时,保证必要的通气量。

33. 呼吸机吸呼切换的方式？

呼吸机吸呼切换有压力切换、容积切换、时间切换、流速切换 4 种方式。① 压力切换：当机械吸气压力达到预定值后，吸气终止，转为呼气。该切换方式不能保持稳定的潮气量。② 容积切换：当机械通气容积达到预定值后，吸气停止转为呼气。吸气压力随着气道阻力和顺应性变化而变化。③ 时间切换：吸气时间达到预定值后，吸气转为呼气。④ 流速切换：吸气时流速的波形随时间而变化，当流速下降到设定水平时吸气转为呼气。

34. 什么是高流量氧疗及基本原理？

高流量氧疗是指一种通过高流量鼻塞持续为患者提供可以调控并相对恒定吸氧浓度进行吸氧治疗的方法。其基本原理是把氧气经过特殊的装置（高流量呼吸湿化治疗仪，HFNC）进行加热和加湿，以较高的流量给患者供氧，冲刷鼻腔部死腔，从而避免在吸氧的过程中吸入周围的空气，并通过加湿增加呼吸道黏膜的湿度，促进分泌物的排出，提高患者的舒适度。

35. 高流量氧疗适合哪类人群？

临床上高流量氧疗主要用于：① 长期从事脑力劳动的教师、科研人员、领导干部、中高考学生等；② 慢性有害气体接触人群：长期吸烟者、汽车司机等；③ 大月龄孕妇有胎儿宫内窘迫者；④ 运动型疲劳、超强体力劳动者；⑤ 中老年保健、更年期综合征等；⑥ 临床需要用高压氧治疗但存在禁忌者。

（蒋小娟）

参考文献

[1] 中华医学会重症医学分会.机械通气临床应用指南（2006）[J].中国危重病急救医学，2007，19(2)：8.

[2] 王保国.实用呼吸机治疗学[M].北京：人民卫生出版社，2005.

[3] 郭军涛，季家红，李国栋，等.呼吸机的分类与购置选择方法[J].生物医学工程与临床，2005，9(5)：2.

[4] Listed N. AARC (American Association for Respiratory Care) clinical practice guideline. Discharge planning for the respiratory care patient[J]. Respir Care, 1995, 40(12):

1308-1312.
[5] 曹玉龙,曹志新.呼吸机参数的设置与调节[J].中国临床医生,2006,34(2):8.
[6] 刘嘉琳.经鼻高流量氧疗的临床应用[J].中华结核和呼吸杂志,2016,39(9):3.
[7] 吕姗,安友仲.主动温湿化的经鼻高流量氧疗在成人患者中的应用[J].中华危重病急救医学,2016,28(1):5.
[8] 郑方.麻醉设备学[M].北京:人民卫生出版社,2005.

第十二章

医用输注设备

1. 什么是医用输注泵？

   医用输注泵是一种电子机械输注装置。其由预设电脑程序控制，能够按照临床输注要求以设定速度将定量液体输注进入人体血管系统等相应生理腔隙。

2. 常用医用输注泵有哪些种类？

   常用的医用输注泵大体分为3种：容量输液泵、微量注射泵和镇痛泵。

3. 常用医用输注泵采用什么驱动？原理是什么？

   常用的医用输注泵一般都采用步进电机驱动。步进电机是一种特殊机电元件，其能够将电脉冲信号转换成机械运动（直线位移或角位移）。由于步进电机能直接接受数字信号的控制，因此尤其适宜用微机控制。但直流电源或工频交流不能直接连接步进电机工作，所以须使用由特定单元组成的步进电机驱动器。

4. 什么叫容量输液泵？用途是什么？

   容量输液泵是一种具有准确控制输液滴数或输液流速功能，使药液能够容量准确且安全匀速进入患者体内的智能化输液装置。其输液速度不受人体血压和不同操作者变化的影响，输注精准安全，有利于降低临床输注工作强度，提高输注的安全性、准确性及医疗质量。

5. 容量输液泵应具备哪些主要功能？

   容量输液泵应具备以下主要功能：能人工自主设定输液参数，界面清晰易懂且操作简便；所有参数设定功能均应设置确定按键；输注速度范围一般为0～1 000 mL/h；有蓄电功能，以确保发生断电能自动切换为蓄电池供电而不影响输注速度；具备全面的报警功能；能记录并保存输注资料。

6. 容量输液泵的结构是怎样的？

容量输液泵按工作方式一般可分为 4 种类型：直线蠕动输液泵、旋转蠕动输液泵、往复活塞式输液泵和活塞启动膜式输液泵。临床常用直线蠕动输液泵，其组成部分主要包括微控制器、步进电机和液体监控报警元件。

7. 容量输液泵的工作原理是什么？

容量输液泵工作时，由微控制器发出控制指令，步进电机通过变速箱带动一组排列紧密的偏心凸轮的轮轴转动，凸轮推动数个滚状柱从动件按顺序从外部挤压输液管路，使管中液体以预先设定速率发生定向流动。容量输液泵输注速度不会因液面高度及患者体位变化而产生变化，可完成超低速至高速输液。

8. 容量输液泵有哪些使用注意事项？

使用容量输液泵时需注意：对设备应进行定期的检查和维护，以预防元器件和管路发生老化；每次使用前务必确保输液管路已夹紧到位，以免出现输液流速过快导致临床医疗事故；每次使用前务必确保已排尽输液管路内的气泡；首次使用或长时间闲置后再次使用，须先将电池充满后再使用。

9. 容量输液泵使用前的常规检查有哪些？

容量输液泵使用前的常规检查包括：检查气泡探测器、检查阻塞压力、检查流速准确性等。

10. 什么叫微量注射泵？

微量注射泵是一种新型电子机械注射装置，具备输注精确、微量且输注速率稳定均匀的特点，一般由微控制器、执行元件和规格合适的注射器组成。

11. 微量注射泵应具备哪些主要功能？

微量注射泵应具备下列主要功能：能够自动识别或自定义注射器规格、能够确保微量输液的输注精确度、能够显示输液总量、操作简便、具备交直流两用供电、具备故障报警功能。

12. 微量注射泵的基本结构是怎样的？

微量注射泵一般由以下部分组成：中央处理器、步进电机传动系统（一般由步进电机及滚珠丝杆组成）、输入和显示系统、传感器及信号处理系统、交直流电源模块。

13. 微量注射泵的基本工作原理是什么？

微量注射泵使用时，螺母通过外部装置与充满药液的注射器活塞相连，微机系统发出控制脉冲信号，继而使步进电机发生旋转，滚珠丝杆被带动，此时旋转运动转变成直线运动，即可推动泵装置上的注射器活塞向前，实现微量匀速注射。

14. 微量注射泵的适用范围有哪些？

适用范围包括：麻醉药的持续输注、临床心血管药物的输注、婴幼儿的输血输液及微量注药、某些特殊药物（如胰岛素、抗凝剂、造影剂等）的注射。

15. 使用微量注射泵输液有哪些优缺点？

优点是：能够提供精确注射，通过适配不同规格注射器（预设型号或自定义规格），输注精度可以达到 0.01 mL/h。缺点是：受注射器容量的限制，不适用于大量输液。

16. 微量注射泵有哪些常用输注模式？

微量注射泵输注模式包含：定时给药模式（单次定时模式、人工确认定时模式、自动多次间隔给药定时模式）、恒速注射模式、简易时量推注模式、TIVAI 模式等。

17. 临床上如何合适选择微量注射泵的输注模式？

恒速注射模式：一般提供 7 种速度单位 [mL/h、mg/h、μg/h、mg/(kg·h)、mg/(kg·min)、μg/(kg·h)、μg/(kg·min)]，可根据具体临床需要进行选择，各速度单位均可自动换算，避免了人工换算的烦琐。简易时量推注模式：通过注射总量和注射时间的设定来控制给药速率实现全自动注射，省去了输注速率计算环节。全凭静脉麻醉（total intra-venous anesthesia，TIVA）模式：即模拟靶控输注（target controlled infusion，TCI）的全凭静脉麻醉组合模式。常用于麻醉诱导剂量输注后自动切换为麻醉维持给药速率。

18. 微量注射泵有哪些使用注意事项？

使用微量注射泵需注意：使用与注射泵型号匹配的注射器；确保静脉通路畅通；确保注射器活塞在注射泵卡座夹上安装正确；注射泵附近应避免高频信号干扰；慎用冲洗键；关注输注即将完成时的报警提示。

19. 微量注射泵常见的报警或故障有哪些？怎么识别？

开机报警是微量注射泵的常见故障现象，引起报警的原因一般包括：阻塞、注射器安装有误、药液即将注射完毕及药液注射完毕、蓄电池电量不足等。上述报警故障一般都可手动排除。如出现开机不显示注射器规格或显示与实际规格不符，则应考虑微动转换开关故障，应进一步检查其是否损坏或位置是否偏离，如开机重启后不能恢复，则应停止使用及时送修，以免发生事故。

20. 什么叫镇痛泵？用途是什么？

镇痛泵也是一种液体输注装置，其能使药物在血液中保持稳定的浓度，目的是使用少量的药物达到安全满意的镇痛效果。由于患者通常疼痛感觉个体化差异较大，为使治疗更加趋于个体化，镇痛泵一般均具有允许患者根据自身镇痛需要，在持续输注镇痛基础上，每隔一定时间可单次按压自控按钮自行增加额外输注量的功能。可以用于术后镇痛、癌痛、分娩镇痛等。

21. 镇痛泵的类型有哪些？

镇痛泵按动力驱动方式可分为：机械镇痛泵和电子镇痛泵；按患者控制方式可分为：持续给药镇痛泵和患者自控给药镇痛泵。

22. 电子镇痛泵的结构是怎样的？

电子镇痛泵是一种将电能转化为动能的镇痛输注设备，组成部分包括可重复使用的泵体和与泵体匹配的一次性储液盒。其中可重复使用的泵体组成结构包括微电机、前截止板、推进剂压板、偏心凸轮、压力感受器、后截止板及输液管道。

23. 电子镇痛泵的工作原理是什么？

电子镇痛泵工作时由微电机带动推动装置，再由推动装置挤压储液盒上的输出管道，推动药液前行。通过控制面板可调节微电机的转速，从而控制流速。推进管道上的压力感受器具备感知输出管道压力的功能，当输出发生阻塞时，即会触发报警。患者自控按钮通过泵体与缆线相连，当自控按钮被按压时，镇痛泵即可按预先设定的时间间隔及输注量给予患者单次输注量的输注。

24. 电子镇痛泵可以提供哪些输注模式？

常用电子镇痛泵提供负荷剂量模式、背景输注模式、患者自控镇痛（patient controlled analgesia，PCA）单次给药模式。以上模式可依据临床镇痛需要任意组合。

25. 电子镇痛泵常见的报警故障有哪些？

电子镇痛泵常见报警故障包括：可手动排除的故障：泵体与储液盒卡夹不到位、电池欠压、管路阻塞、药液耗尽等；需送修的故障：开机 ERR 报警、屏显乱码、无屏显、屏显正常而输注功能丧失等。

26. 机械镇痛泵的结构是怎样的？

机械镇痛泵是一种以机械弹性提供动能的镇痛输注设备，组成部分包括 1~2 层的弹性膜提供动力的储液球囊、背景流量管、单次注射量储液囊、单次注射量按压柄、单次注射量流量管、流速控制器、滤过盘等。

27. 机械镇痛泵的工作原理是什么？

机械镇痛泵通常由储液球囊内的弹性膜提供输注动力，延长管与流速控制器相连，流速控制器内的限速管用以控制背景输注量，药物通过限速管进入单次注射量储液囊，在单次注射量按压柄未按下时，单次注射量储液囊的输出端处于关闭状态，药液保持储存于单次注射量储液囊中，当单次注射量按压柄被按下时，单次注射量储液囊的输出端即开启，从而储液囊内的药物被注入患者体内。

28. 机械镇痛泵可以提供哪些输注模式？

机械镇痛泵一般提供恒速输注模式和患者自控镇痛单次给药模式。

29. 机械镇痛泵常见的故障有哪些？怎么解决？

机械镇痛泵常见可手动排除故障大多为管道阻塞、管道反接、储液囊气泡未排尽等。因机械镇痛泵为一次性使用医疗器械，如发现储液囊破损、弹性膜失效以及其他产品质量问题，应及时弃用，更换新泵。

30. 镇痛泵不同的输注模式能发挥哪些特定的作用？

负荷剂量模式可给予患者镇痛泵开机后设定药物剂量的一次性给药，多用于手术麻醉即将结束前，连接镇痛泵给予患者可达到最低有效镇痛浓度的镇痛药物剂量，迅速平稳地进入镇痛状态；背景输注模式可设定单位时间内输注药液的总剂量，设定大小一般根据药物所能达到的最低有效镇痛浓度，理想的设定剂量可在很大程度减少患者按压患者自控镇痛按钮的次数；PCA 单次给药模式允许患者在单位锁定时间内自行追加一次药液输注剂量，这是考虑患者个体差异导致的镇痛需求不同，在给药剂量安全的前提下，尊重患者自身需求，体现人文关怀。

31. 机械镇痛泵注入速度的影响因素有哪些？

影响机械镇痛泵注入速度的因素包括输注液体的种类、输注液体的黏度、环境温度、患者血管压力等。

32. 电子镇痛泵和机械镇痛泵各自的优缺点是什么？

两者比较，电子镇痛泵输注精度较高、输注速率稳定不易受环境因素影响、输注模式选择更灵活。缺点在于价格一般稍贵，可重复使用的泵头配置成本较高且需定期维护。而机械镇痛泵输注精度稍差、输注速度易受多种因素影响，优点在于成本较低、价格相对低廉、一次性使用后即可废弃、节省维护所需人力成本。

33. 镇痛泵有哪些镇痛给药途径？术后应该选择哪种镇痛泵？

镇痛泵可经静脉、椎管内、神经阻滞、皮下等给药途径给予镇痛，术后选择使用电子镇痛泵或机械镇痛泵均可，患者可根据自身镇痛需求及经济情况综合选择。

34. 所有的手术术后都需要用镇痛泵吗？

并非所有手术术后均需使用镇痛泵进行镇痛治疗。一些在人体天然管腔完成的手术（经输尿管镜碎石术、胃镜检查、内镜下声带息肉摘除术等）、手术创伤比较小的手术（甲状腺手术、腹腔镜胆囊切除术、骨折内固定取出术等），术后疼痛程度比较轻，单次注射止痛药即可满足术后镇痛需求。而对于手术创伤大、术后疼痛剧烈的手术，术后使用镇痛泵能够发挥更为有效的镇痛作用。

35. 使用镇痛泵有不良反应吗？术后的恶心、呕吐都是镇痛泵引起的吗？

使用镇痛泵的可能产生不良反应包括镇痛不全、术后恶心、呕吐（Postoperative nausea and vomiting，PONV)和嗜睡。这些一般均与镇痛泵使用的阿片类药物配方和给药剂量相关。PONV 是患者术后主要的不良反应之一，其相关因素包括术中及术后使用阿片类药物、术中使用吸入麻醉剂、长时间麻醉及复杂手术、女性、非吸烟患者、既往 PONV 和(或)晕动症病史、大于 3 岁的青少年等。因此，不能一概而论 PONV 均是使用镇痛泵引起。采取多模式术后镇痛方案、减少阿片类药物应用以及预防性止吐措施可很大程度降低 PONV 的发生率。

36. 镇痛泵只能用于术后镇痛吗？

镇痛泵除了能够提供术后镇痛，还可在其他诸多临床场景中发挥特定的作用。如分娩镇痛、癌痛治疗、慢性病理性疼痛治疗等。

37. 什么是互联网远程疼痛管理系统？

互联网远程疼痛管理系统是指在术后镇痛管理一体化工作中，利用移动互联网网络技术，将患者自控镇痛、疼痛评价、体征监测、疼痛教育、心理疏导、设备信息等数据发送至特定服务器，进一步对相关数据进行整合处理分析，在临床多场景的监测平台上均可实时监测患者的镇痛数据以及对医生的疼痛管理工作提供参考。

38. 互联网远程疼痛管理系统的优势有哪些？

互联网远程镇痛管理系统可以从一整套的疼痛管理工作流程做起，将舒适化医疗的理念引入到疼痛管理工作中，让即便脱离视野的患者仍处于监护之下，以直接方式记录镇痛信息，以快速的方式获知患者的安全信息。

39. 目前互联网远程疼痛管理系统较为成熟的案例有哪些？

较为成熟的案例有 iPainfree™ 移动互联网急性疼痛管理设备解决方案等。iPainfree 急性疼痛管理智能设备集成系统是一个基于移动互联网网络的急性疼痛管理的支持系统，分为 i-PCA\i-APS\i-PFW 3 个型号：具有无线综合疼痛评估、互动式患者疼痛教育、无线综合疼痛随访、个体化患者自控镇痛、无线实时患者自控镇痛监测、镇痛设备维保、无线镇痛体征监护、简易气道管理与急救、疼痛信息管理分析、分院质控管理等功能模块和硬件。

40. 互联网远程疼痛管理系统的发展前景怎么样？

互联网远程镇痛管理系统将镇痛应用场景不再局限于病区或医院，镇痛范围不拘泥于手术患者,可更加自如地应用于社区患者癌痛治疗、慢性病理性疼痛治疗等。同济大学附属同济医院麻醉科近年来成功将其应用于社区终末期癌症患者的癌痛治疗,取得了显著的效果,也体现了人文关怀精神。相信在国家大力发展互联网 5G 技术的基础上,互联网远程镇痛管理在未来应该会有更好的发展前景。

41. 什么是靶控注射泵?

靶控输注(target-controlled infusion,TCI)是指依据药代-药效动力学理论,通过计算机模拟药物在体内的过程及发挥效应的过程,计算并实施能使目标靶位的药物浓度稳定维持在预期麻醉深度水平的输注方案。靶控注射泵(tCI pump)即为实现靶控输注方案的设备,是医用注射泵的一种特殊类型。

42. 靶控输注有哪些分型?

根据靶浓度设定部位可以分为血浆靶浓度控制输注和效应室靶浓度控制输注两种模式,而效应室靶浓度控制输注的实质其实也是控制血浆药物浓度。

43. 靶控输注的优点有哪些?

临床研究证明,靶控输注与人工输注安全性和效能相近。相较于单次输注,TCI 输注虽然诱导时间相对延长,但麻醉药的用量有所降低。TCI 输注时麻醉深度更加稳定且术中知晓发生率低。保留自主呼吸患者麻醉深度稳定优势尤为明显。2 种技术患者恢复时间相似,但由于 TCI 更易于操作,麻醉医师更倾向于选择 TCI 实施麻醉。

44. 靶控输注的缺点有哪些?

靶控输注系统能够监测到注射器的变化,但不能察觉患者的变化。这要求必须对输注泵的用户界面进行管理,以确保药代模型在麻醉结束时停止计算,而在下个患者使用前对药代学参数重新设置。另外,如输注泵出现故障或断电重新启动,患者各室血药浓度信息将会丢失,此时 TCI 系统将会视当前患者为新患者重新开始药物输注,易导致药物过量。因此,TCI 系统在同一患者身上应避免重新启动。

45. 什么是闭环靶控输注?

靶控输注系统虽然可以维持血药浓度在一个稳定的预设水平,但对于术中操作导致的生理刺激或麻醉期间由其他因素导致的生理波动并不能做出合适的输注方案的调整。鉴于此,需将 TCI 系统设计成闭合输注环路,即闭环靶控输注。原理主要是根据患者的脑电图频率中位数、双频谱指数和听觉诱发电位等监测数据来控制静脉麻醉药的输注,以达到在 TCI 系统基础上,随着临床效应的变化,相应调节药物输注速率来维持合适麻醉深度的目的。

46. 闭环靶控输注系统由哪些部分组成?

闭环靶控输注系统主要由四部分组成:① 用以控制算法的中央处理器;② 药物输注系统;③ 适合实现靶控输注的变量;④ 用以连接各组成部分的反馈系统。闭环靶控输注系统可以依据患者术中对各种临床刺激产生的生理变化改变输注方案,从而使患者能够稳定处于理想的麻醉深度水平。

47. 目前有哪些闭环靶控系统已成功应用于临床?

目前已有不少闭环靶控输注系统成功应用于临床,主要分为镇静闭环靶控系统和肌肉松弛闭环靶控系统。例如:脑电双频指数(bispectral index,BIS 反馈导航的靶控输注系统、熵指数反馈导航的闭环靶控输注系统、肌肉松弛监测 4 个成串刺激(train-of-four,TOF)反馈导航的闭环靶控输注系统等。

48. 如何实施闭环靶控输注?

以脑电双频指数反馈导航的靶控丙泊酚输注系统为例:将患者 BIS 监测反馈装置和 TCI 输注系统相连,预设合适的 BIS 靶控范围,依据 BIS 监测数据反馈调节控制药物的输注速度,使患者 BIS 值始终保持在预设值的稳定范围内。

49. 闭环靶控输注在临床实践中的优势有哪些?

理想的闭环靶控输注是精准医学趋势下精准麻醉的必然发展方向。其可以对不同患者依据临床麻醉需要制定个体化的输注方案,根据麻醉深度监测反馈实时自动优化输注速度,提供满意的麻醉效果,减少麻醉药用量,提升麻醉安全性,同时也极大减轻了临床麻醉医师的工作负担。

50. 现有闭环靶控输注系统还存在哪些缺陷?

在镇静药方面,目前缺乏公认的"金标准"药物模型。在肌肉松弛药方面,肌肉松弛药在不同人群之间的代谢水平不一,代谢速度往往受到具体手术方式以及其他相关麻醉药物影响。对于镇痛也缺乏客观衡量指标,而脑电双频指数监测是镇静深度的监测,并不能判断镇痛程度。此外,血流动力学并不仅受麻醉药物影响,因此用血流动力学指标反馈调节镇痛药物输注速度缺乏特异性。

51. 成熟的闭环靶控输注系统未来会彻底替代麻醉医生吗?

理论上,未来成熟的闭环靶控输注系统可以实施精准的麻醉控制。但临床上不同病情状态的患者其本身可能时刻存在着种种变化,此时麻醉医师对病情变化的综合分析判断至关重要,切忌盲目套用固定的药物模型或者靶控模式,紧急时刻仍需要麻醉医师实施干预。因此,即便闭环靶控输注系统再成熟,也不能完全替代麻醉医师。

52. 目前还有哪些新型的快速输液设备?

新型快速输液设备还包括医用输血输液加温器、急救输血输液加温加压装置等。

53. 什么是输血输液加温加压装置?

输血输液加温加压装置是一种应对大量输血输液要求的输注装置,可根据需要对输注的液体和血制品提供精确的加温,另外其还具有控制输注速度、监测气泡、监测压力和自动排空的功能。

54. 输血输液加温加压装置在临床上有什么用途?

该装置一般应用于短时间内大量失血严重创伤患者的快速血容量补充。大量快速低温输血补液可能导致患者低温症,继而产生一系列诸如血液系统和心血管系统的并发症。为了避免低温带来的不良后果,所以需对所输血制品和液体进行加温处理后再进行输注。临床应用输血输液加温加压装置对于快速补充血容量和预防低体温的发生具有非常重要的意义。

55. 输血输液加温加压装置的设置有哪些注意事项?

设置时应注意:输注速度一般不超过 100 mL/min,加温温度设定不应超过正常人体体温,一般加温设定范围于 33~38℃,输血时温度应设定于 35℃以下。

(张晓庆 李杰 韩松)

参考文献

[1] 王羽.医用输注系统的技术与进展[C].2008中华临床医学工程及数字医学大会、中华医学会工程学分会第九次学术年会暨国际医疗设备应用安全及质量管理论坛论文集,2008,1-6.

[2] 赵嘉训.麻醉设备学[M].北京:人民卫生出版社,2011.

[3] 刘扬,刘清海,王天龙.闭环靶控系统启动精准麻醉控制的导航时代[J].北京医学,2016,038(006):583-585.

[4] Ishimura H. Electrical infusion pump for patient-controlled analgesia.[J]. Masui the Japanese Journal of Anesthesiology, 2006, 55(9): 1128.

[5] Pastino A, Lakra A. Patient Controlled Analgesia. In: StatPearls. Treasure Island (FL): StatPearls Publishing, 24, 2021.

[6] 李杰雄,黎治滔,罗涛,等.闭环靶控输注系统研究进展[J].广州医科大学学报,2019,47(5):163-168.

[7] 窦建洪,单桂秋,郑理华,等.急救输血输液加温控速装置的研制[J].中国医疗设备,2020,35(8):21-26.

[8] 温志浩,尹惠玲.输液输血温热设备的研究与实现[J].临床医学工程,2011,18(2):294-295.

[9] 罗侨端,何萍.微量注射泵的临床应用及安全因素研究[J].护士进修杂志,2008,23(14):1301-1303.

第十三章

体外辅助循环设备

1. 人工心肺机的定义？

是指用一种暂时替代人的循环系统和呼吸系统工作，进行血液循环和气体交换技术的特殊设备。这一设备分别称为人工心和人工肺，也统称为人工心肺装置或体外循环（cardiopulmonary bypass，CPB）装置。

2. 人工心肺机的功能是什么？

其基本功能是将血液从心肺转移到体外经过氧合后再运送到全身动脉系统，停止心肺工作以创造最佳的手术条件，所以要求体外循环必须能代替心肺工作。其目的是提供充分的气体交换、氧气输送和全身适当的血流灌注和有效的灌注压，并尽量减少体外循环的不利影响。

3. 人工心肺机的重要组成部件有哪些？

人工心肺机的组成部件包括：血泵（人工心）、氧合器（人工肺）、变温器、滤血器、贮血器和管道系统几个主要部分。

4. 静脉贮血器的作用和功能有哪些？

静脉贮血器的作用是收集患者体内的静脉血，相当于"临时蓄水池"，作用是缓冲回流的静脉血和动脉血之间的波动和不平衡；也是一个高容量低压力的静脉血引流收集器，利于静脉血的重力引流；是防止气泡混入静脉管道的除泡器；是血液、液体或者药物加入的部位；是回输血液给患者的储备血源。其最重要的功能是在静脉引流急剧减少或者停止时能够提供血源，给灌注师提供一个"反应时间"以避免"体外循环系统打空"及造成大量气栓的风险。

5. 体外循环动脉主泵的分类和工作原理是什么？

目前应用比较广泛的是滚压泵和离心泵。滚压泵通过连续在马蹄形垫板或者滚轴压缩输液管道来驱使血液流动；滚压泵输出容量的多少取决于泵头每圈旋转的输出容量。离心泵是根据离心力的原理设计而成，驱动马达通过磁力与泵头连接，泵内结构会在驱动马达和磁力作用下高速旋转，使血液产生湍流和离心力，离心泵头入口端产生负压，吸引血液进入泵室内，转子高速旋转产生的离心力推动血液前进，离心泵造成的血液破坏小于滚压泵。

6. 氧合器的分类和功能？

常用氧合器分类：鼓泡式氧合器（bubble oxygenator，BO）和膜式氧合器（membrane oxygenator，MO）。BO 是氧气通过血液发泡后再去泡达到氧合目的的一种氧合器。其功能有氧合、消泡、过滤、贮血和变温五个部分。MO 是最能模拟人体肺功能的一种氧合器。一层气体可自由通过的高分子膜使气体交换时不直接与血液接触，由于它的仿生性较好，目前在临床上得到越来越广泛的使用。气体通过很薄的膜向血液中弥散，这层膜与肺内的血气屏障类似，只能让气体自由通过而不允许液体渗透。

7. 热交换器的作用是什么？

热交换器的主要作用是对患者实施有目的的低温和复温。

8. 心脏停搏液输送系统的作用？

心脏停搏液输送系统的作用是当阻断主动脉后，将停跳液经主动脉根部灌入而进入冠脉系统，使心脏停搏和实施心肌保护，心脏停搏液输送系统必须有压力和温度的监测。

9. 超滤装置的功能？

超滤装置即超滤器是血液过滤装置，主要由介于血流和空气之间的半透膜组成，血液中的水分和小分子物质（钠离子、钾离子、水溶性非蛋白结合的麻醉药等）可以通过半透膜滤出，而血液中的蛋白质和细胞成分则保留下来。血液超滤装置不但可以滤出过多的晶体液和钾离子使血液浓缩，而且滤除炎性介质可减少全身炎症反应综合征的发生。

10. 过滤器和除泡器的功能？

过滤器和除泡器被安放在体外循环回路的不同位置，包括静脉或者心内吸引贮血器、整合到氧合器中，动脉管路或停跳液管路、血液回收、回输血液装置及气体进入氧合器通路。其主要功能是过滤掉 CPB 产生的由气体、脂质微栓及红细胞、血小板或异质碎片的微粒构成的大、小栓子。

11. 人工心肺机安全装置的作用有哪些？

安全装置主要起到监测作用：如动脉管路的压力监测，静脉贮血器液面监测，气泡或空气探测监测，微栓处理监测，联动的动静脉氧饱和度或氧分压监测，动脉管路流量监测，引流血温和回输血温、入热交换器时水温和停跳液温度监测，氧浓度监测等。

12. 静脉插管的种类和静脉血液引流方式有哪些？

静脉插管的种类：单腔右心房插管，腔房二级管插管，上、下腔静脉插管。静脉引流方式分为：重力引流和辅助静脉引流。重力引流（静脉引流）通常依靠重力（虹吸作用）来完成。辅助静脉引流分为真空辅助引流和动力辅助引流：真空辅助的静脉引流系统是把静脉管道连接到一个硬壳的静脉贮血器上，通常在贮血器上应用 20~50 mmHg 的负压吸引，当压力超过 60 mmHg 会增加动脉灌注管路微泡数量；动力辅助的静脉引流系统则是通过安装动力泵来进行负压控制吸引。

13. 动脉插管的分类和插管位置？

按形状分为：直端和弯端；按材料分为：普通和钢丝加强管；按体重分为：成人和婴幼儿型。动脉插管常用的插管部位有：升主动脉（最常用的动脉插管部位）；股动脉、髂动脉；腋动脉、锁骨下动脉。

14. 动脉插管型号选择的依据？

动脉插管的型号根据患者所需，血流量大小主要由患者体表面积决定，需选择使血流流速＜100~200 cm/s，压力梯度＜100 mmHg 的套管。

15. 为什么不能使静脉贮血器转空？

因为静脉贮血器转空时滚压泵会引起血液成分损害及造成大量气栓的风险。

16. 体外循环期间栓子的来源有哪些?

体外循环期间栓子主要分为颗粒栓子和空气栓子：颗粒栓子主要来源于动脉粥样硬化斑块、瓣膜钙化、外科术野碎屑、脂肪颗粒、血栓、CPB 管道及移植物碎屑和加入 CPB 中的任何药物或者液体；气体栓子的来源包括氧合器(尤其是鼓泡式氧合器)、热交换器(复温过快)、滚压泵等。

17. 体外循环期间为什么要避免过快和过度复温?

为了防止气体从血液中逸出,造成气栓和脑部温度过高,导致潜在的神经损伤,要尽量避免血温和水温之间的温度梯度过大,通常情况下避免温差超过 10℃。

18. 心内引流的作用是什么?

心内引流的作用是为了显露手术视野,减少心肌耗氧和减弱过度膨胀对心脏的损伤。体外循环期间使用左、右心室吸引减压引流至关重要。

19. 心内引流的危害有哪些?

心内引流血液含有大量的细胞微粒、脂肪、外源性碎片、血栓形成和纤维蛋白溶解因子,这些物质是体外循环过程中形成微栓和溶血反应的主要来源,基于这些原因应尽量减少心内抽吸引流。

20. 体外循环环路表面涂层的作用是什么?

表面涂层的作用主要是尽量减少血液成分的激活。体外循环环路中任何与血液接触的部件(管道、贮血器、氧合器等),都必须进行表面涂层化处理。肝素化表面涂层是应用最广泛的一种涂层方法。

21. 体外循环期间为什么要抗凝?

在心脏手术 CPB 期间,机体会快速启动外源性及内源性的凝血机制,会使包括静脉引流管道、贮血器、氧合器等发生血栓,甚至在转机过程中会形成大量血栓进入体内造成生命危险。因此,在 CPB 转机前需要进行抗凝,大多数中心在开始 CPB 时,采用基于患者体重计算肝素用量的给药策略,一般白陶土法测激活全血凝固时间(activated clotting time,ACT)＞300 秒才能行升主动脉插管,ACT＞480 秒方能转机。

22. 激活全血凝固时间（activated clotting time，ACT）的监测及异常情况如何处理？

升主动脉插管前给予肝素 300～400 U/kg，2～5 分钟后采动脉血查 ACT：ACT<300 秒，则直接给予 100～200 U/kg 甚至更多；若 ACT>300 秒、ACT<目标值，则按每差 50 秒给予 50～100 U/kg；若转机后则每 30 分钟查 ACT，低于目标值给予 50～100 U/kg。

23. 什么是体外循环环路预充？

体外循环环路包括动静脉管路，使用前必须用预充液充满并且排除环路中所有的气体，这个过程叫环路预充。环路中常用的预充液为晶体液。

24. 体外循环后环路剩余血液是如何处理的？

通常在拔除动脉插管前，尽可能将环路中血液回输给患者。剩余的部分可以直接泵入患者的静脉通路，或者导入输液瓶由麻醉医生从静脉回输（这部分保留了血小板蛋白成分，且含有肝素成分），在输入过程中一般 100 mL 需补充鱼精蛋白 5～10 mg，也可以经过细胞洗涤装置或者是血液浓缩器过滤后（不含肝素）进行回输。

25. 灌注充足的定义是什么？

目前广泛认可的灌注充足是保障患者手术后健康和较长期的生存且无器官功能障碍。

26. 体外循环期间灌注充足应达到的目标是什么？

CPB 期间灌注充足应达到使患者所有器官维持充足的氧供（动脉血氧供充分和输送正常）；避免激活一些不良的影响，例如神经内分泌应激反应和炎症反应；减少微血栓和凝血系统功能障碍；维持充足的体循环血容量和动脉血压。

27. 体外循环期间器官灌注的监测有哪些？

体外循环期间器官灌注的监测包括：① 器官灌注的全身监测：氧耗（oxygen consumption，VO_2）测量；氧供（oxygen delivery，DO_2）监测；混合静脉血氧饱和度（oxygen saturation in mixed venous blood，S_VO_2）及静脉血氧含量（C_VO_2）、静脉血氧分压（P_VO_2）；代谢乳酸；脑氧饱和度；② 特殊器官灌注监测包括脑：脑电图、经颅多普勒超声等；心脏：心电图、经食道心脏超声、心肌温度、冠状静脉窦乳酸和心肌酶等；肾：尿量、尿中肾特异性管型蛋白（胱氨酸等）。

28. 体外循环达到停机的指标有哪些？

体外循环达到停机的指标有：① 鼻咽温度升高超过 36℃；② 平均动脉压 60～80 mmHg；③ 术野无明显活动性出血；④ 内环境及离子无紊乱；⑤ 无严重心律失常。

29. 体外循环低温的程度是如何分级的？

体外循环低温的程度一般分为 3 个等级，即浅低温体外循环：CPB 中鼻咽温降至 28～30℃；中低温 CPB：CPB 中鼻咽温降至 25℃，肛温降至 28℃；深低温 CPB：CPB 中鼻咽温降至 20℃，肛温降至 25℃。

30. 体外循环低温对代谢的影响有哪些？

体外循环期间采用低温的原因是因为人体的代谢率和体温直接相关（尽管并非线性关系）。体温每下降 1℃，氧耗（oxygen consumption，VO_2）下降 5%～7%，换句话说，体温从 37℃下降 10℃（称作 Q_{10}）将使 VO_2 下降 2～3 倍。

31. 体外循环低温对血液黏度的影响有哪些？

低温增加血黏度。在心脏外科手术中，体外循环期间患者的血细胞比容被稀释到 20%～30%（因为患者的红细胞和预充液混合不可避免被稀释）。尽管血液稀释降低血液携氧能力，但血黏度降低改善了微循环，所以氧供可能增加。有研究已经证实 CPB 中过度的血液稀释（血细胞比容低于 22%～23%）与并发症发生率、死亡率有一定的关系。在低温 CPB 期间，临床医师应该尽量避免过高的血细胞比容（增加血黏度和减少微循环血流）和过低的血细胞比容（氧含量不足）。

32. 体外循环低温对血气的影响有哪些？

CPB 低温对血气有以下影响：① 氧解离曲线变化。随着温度降低，血红蛋白的氧亲和力升高（氧解离曲线左移）。② O_2 和 CO_2 溶解度的改变。随着温度降低，气体更容易溶解在液体中。③ 水的中性度。中性水是指[H^+]与[OH^-]相同。37℃时，中性水的 pH 是 6.8；25℃时，中性水的 pH 是 7.0。④ CPB 期间血气测量和管理的不同策略。血气分析仪是在 37℃时测量血气，如果患者的体温低于

37℃时，pH 和 PaCO₂ 一定要校正，才能确定在患者体温条件下的实际值。

33. 什么是 α 稳态？

α 稳态是体外循环期间血气测量和管理一种策略，α 稳态不需要添加外源性 CO_2 就能在 37℃维持动脉血 pH(pHa)为 7.4，并维持 $PaCO_2$ 为 40 mmHg。实际上人体内也是通过 α 稳态发挥作用的。尽管 37℃的净 pHa 为 7.4，但由于不同的组织温度不同也具有不同的 pHa，例如 pHa 分别为 7.34(41℃)和 7.6(25℃)。α 稳态管理认为：标准 pH 是温度依赖性的，通过将 $PaCO_2$ 维持在 40 mmHg，pHa 维持在 7.4(体外 37℃的测量值)来维持正常的 pH 跨膜梯度。α 稳态管理优点是在体外循环低温时维持血流和代谢的平衡。

34. 什么是 pH 稳态？

pH 稳态也是体外循环期间血气测量和管理一种策略，pH 稳态管理是通过添加外源性 CO_2 以保持矫正患者体内温度后的 $PaCO_2$ 为 40 mmHg、pHa 为 7.4。因为 CO_2 是一种强有力的血管舒张剂，同 pH 稳态相关的总 $PaCO_2$ 升高能够舒张脑血管，损害脑血流代谢偶联机制，并降低脑血管自主调节能力，引起过度的脑灌注以及导致更多的微血栓进入脑内。有证据表明，pH 稳态管理能增加成人术后认知功能障碍的发生率；也有研究认为 pH 稳态管理对婴儿神经系统有保护作用。

35. 体外循环开始时循环会出现怎样的变化？

体外循环开始时因为体循环阻力的下降通常伴有全身血压的降低，这是由以下原因引起的：① CPB 预充引起血液稀释导致血黏滞度降低。② 继发一些情况的血管张力降低：如血液稀释导致循环中儿茶酚胺浓度下降；灌注初期无血的预充液引起低氧血症，可能导致血管张力下降；预充液中 pH、钙镁离子浓度降低。

36. 低温体外循环期间循环会发生怎样的变化？

低温体外循环期间循环的变化：① 体循环阻力增加。据观察 CPB 期间体循环阻力增加可能由以下几个因素引起的：部分微循环系统关闭导致血管床的面积降低；低体温、儿茶酚胺、精氨酸血管加压素、内皮素和抗血管紧张素Ⅱ的增加等因素引起的血管收缩；低温引起的血黏度增加以及血细胞比容升高(由于尿量增加或体液转移至组织间隙)；② 体循环阻力降低。灌注心脏停搏液，尤其是停跳液中含有硝酸甘油时常伴有短暂的体循环阻力和血压的降低。

37. 体外循环复温阶段循环会发生怎样的变化？

复温阶段循环变化大致分 2 种情况：① 在复温的起始阶段，当温度从 25℃ 复温至 32℃ 时体循环阻力和平均动脉压逐渐增加，然而当温度高于 32℃ 时体循环阻力和平均动脉压常下降；② 当开放升主动脉阻断钳进行心脏再灌注时，体循环阻力和平均动脉压下降的程度更明显也更持久。

38. 体外循环期间微循环的改变有哪些？

在 CPB 期间微循环功能存在不同程度的损伤。可能的受损原因有：① 儿茶酚胺和血管紧张素、血管加压素、血栓素、内皮素增加及一氧化氮释放减少引起毛细血管前微动脉括约肌收缩；② 增加组织间液容积（水肿）；③ 减少淋巴引流；④ 失去搏动性血流；⑤ 低温引起的毛细血管"瘀滞"；⑥ 改变红细胞的变形性；⑦ 由于全身炎症反应导致白细胞、血小板和纤维素在内皮细胞表面黏附聚集；⑧ 微血栓的产生。

39. 体外循环期间搏动血流的产生和优点有哪些？

有以下几种方法常用于产生搏动性血流：① 如采用部分 CPB，静脉抽吸减少，可保留部分心脏射血功能；② 主动脉内球囊放置恰当，能够用于产生搏动血流；③ 可变速滚压泵产生搏动血流（离心泵效果较差）。搏动血流公认的优点：① 将更多的能量传递到微循环，提高组织灌注，改善淋巴回流和促细胞代谢；② 减少由于非搏动性血流对压力感受器、肾和内皮细胞的神经内分泌的不良反应（主要是血管收缩）。

40. 深低温停循环期间脑灌注的方法有哪些？

有 2 种方法：① 逆行脑灌注：心肺机的动脉管路连接上腔静脉插管或者把插管通过荷包缝合直接插入上腔静脉，然后以 250～500 mL/min 的流速和 20～40 mmHg 的压力泵入冷血（15～22℃）。② 顺行脑灌注或者选择性脑灌注：连接动脉管路的尖端带球囊的导管插入右无名动脉、右颈总动脉、左颈总动脉或者左锁骨下动脉，以 10 mL/(kg·min) 的流量和 30～60 mmHg 的压力泵入冷血，顺行灌注比逆行灌注更增加脑血流，有研究者认为，顺行灌注比逆行灌注好。

41. 体外循环产生全身不良反应的原因及促进因素有哪些？

CPB 是一种高度非生理性的过程，触发不良反应呈"瀑布"样发展。CPB 期间不良全身反应的原因及促进因素有：① 微血栓(气体和微粒等)；② 炎症和凝血系统的激活；③ 温度改变,降温和复温；④ 血液暴露于外来物体表面；⑤ 出血回输和血制品输入；⑥ 血流动力学改变(异常流速和模式,异常动、静脉血压)；⑦ 缺血和再灌注(特别是心、肺和肠道)；⑧ 高氧血症；⑨ 血液稀释(伴贫血和胶体渗透压降低)。

42. 体外循环对血液的影响有哪些?

有以下影响：① 凝血功能异常；② CPB期间红细胞更僵硬、更难变形；③ 对白细胞影响主要是中性粒细胞(多型核白细胞),CPB开始后不久,循环中多型核白细胞明显减少,这是因为多型核白细胞被隔离在肺循环、心肌和骨骼肌血管内外聚集于微循环中所致；④ 血浆蛋白的变性：当蛋白接近气液界面时,界面强烈的静电力通过扰乱蛋白分子的内部化学键结合强度而产生不同程度的分子折叠变形(如变性)；⑤ 胶体渗透压降低。

43. 体外循环对液体平衡和组织间液的影响有哪些?

CPB通过激活全身炎症反应综合征中几种炎症因子以及间断的组织缺血/再灌注,使毛细血管通透性增加；另外使用大量晶体预充液,导致血浆胶体渗透压下降；以及不充分的静脉引流可能增加毛细血管静水压,而调定的非搏动性血流以及胸腔内负压的丧失阻碍淋巴的回流等,从而使得液体在组织间隙聚集,破坏体液平衡。

44. 体外循环对心脏的影响有哪些?

CPB期间心肌细胞会受到一定程度的损伤和细胞坏死,引起心肌抑制和功能障碍。但是,真正的心肌梗死相对少见。引起心肌损伤的因素不仅包括影响微血管灌注的因素,也包括心室扩张、持续性室颤、冠脉气栓、低血压、儿茶酚胺、内毒素血症和伴有主动脉阻断相关的缺血/再灌注。CPB期间升主动脉阻断钳放开前,对心肌肥厚或有严重冠脉疾患的患者保持高灌注压以维持足够的心肌灌注是必需的。

45. 体外循环对中枢神经系的影响有哪些?

CPB后脑功能障碍并不少见(包括神经认知功能障碍到脑卒中甚至昏迷)。其危险因素是多样的：包括低灌注、大栓子、微栓子和CPB引起的炎症反应、低氧、低血压、回输未经处理的自体血、CPB 中颅内静脉引流受阻、主动脉粥样硬化斑块、复温和术后脑部高体温、高血糖和术后房颤等。

46. 体外循环对肾脏的影响有哪些？

CPB 期间肾小管和肾小球功能降低，低温和肾血流量减少时抑制肾小管功能。血管内溶血和血红蛋白尿可引起急性肾小管坏死，其机制是血红蛋白破坏后形成的色素沉淀在肾小管，引起肾小管血流阻塞，以及红细胞基质和从破坏的红细胞释放的其他物质引起的球-管损伤。而 CPB 期间肾衰竭的发生似乎更多地取决于术前肾功能和术后血流动力学状态，而不是 CPB 期间采用各种方法来维持尿量。

47. 体外循环对肺的影响有哪些？

CPB 期间及 CPB 后对肺产生以下影响：① CPB 后肺无效腔量和通气血流比例失调；② 肺内中性粒细胞增加及血管活性物质释放，最终导致无效腔通气增加和通气血流比例失调；③ CPB 期间及之后儿茶酚胺和内皮素水平升高可能导致肺血管阻力增高，CPB 后吸入麻醉药和血管扩张药可影响低氧性肺血管收缩，导致通气血流比值失调和 PaO_2 降低；④ CPB 期间形成肺水肿、肺及其远端器官的缺血/再灌注等因素与 CPB 后肺功能障碍的发生有关。

48. 体外循环期间炎症反应产生的激活机制有哪些？

CPB 可能通过以下三个不同的机制激活炎症反应：① 接触激活：当血液与 CPB 环路接触时，通过接触激活导致补体、凝血、纤溶系统及激肽释放酶-缓激肽级联反应等激活；② 缺血再灌注：再灌注组织复灌后氧供恢复导致氧自由基形成，损伤细胞内蛋白、DNA 和胞质膜及释放大量的炎症介质；③ 内脏低灌注，引起胃肠道黏膜损伤，释放的内毒素和脂多糖结合蛋白结合后，刺激巨噬细胞释放肿瘤坏死因子，触发全身炎症反应综合征。

49. 体外循环对内分泌、代谢和电解质的影响有哪些？

CPB 过程将各种手术伴有的应激反应明显放大，表现为肾上腺素、去甲肾上腺素、抗利尿激素、促肾上腺皮质激素、皮质醇（主要是 CPB 后）、生长激素、和胰高血糖素明显升高，儿茶酚胺类升高。CPB 时血糖升高，尤其是糖尿病患者表现更为明显。CPB 期间，肾素、抗血管紧张素Ⅱ、醛固酮一般升高，离子型钙和总镁、未结合型镁离子浓度通常降低，而钾离子浓度可能大幅度波动。

50. 体外循环有哪些并发症？

体外循环的并发症：① 动脉夹层；② 空气栓塞；③ 氧合故障；④ 动脉主泵故障：必须备一个随时可用的手控手柄；⑤ 抗凝不充分或者回路凝血；⑥ 插管脱出和管道破裂；⑦ 静脉回流阻塞和气栓；⑧ 血管麻痹；⑨ 冷热交换器故障；⑩ 电故障；⑪ 氧供故障；⑫ 动脉管路高压；⑬ 右心或者左心过度膨胀。

51. 体外膜肺的定义是什么？

体外膜肺(extracorporeal membrane oxygenation，ECMO)中文名为体外膜肺氧合，俗称"叶克膜""人工膜肺"，又称体外生命支持系统，是指将患者的静脉血引流至体外，经人工氧合器氧合后再输回患者，动脉或静脉的暂时性呼吸循环辅助治疗技术，是体外循环技术的扩展和延伸应用；用于维持重症循环系统和呼吸系统功能衰竭患者的生命，为其提供持续的体外循环与呼吸支持。

52. 体外膜肺是怎么来的？

体外膜肺氧合实际上是体外循环技术的扩展和延伸应用。

53. 体外膜肺的主要部件有哪些？

体外膜肺的本质是改良的人工心肺机，最核心的部分是氧合器（人工肺）和动力泵（人工心脏）。

54. 体外膜肺的工作原理是什么？

体外膜肺的工作原理是将体内的静脉血经管道引流出体外，经过人工心肺机进行血氧交换后注入患者动脉或静脉系统，起到部分呼吸循环辅助作用，保障患者器官组织供血供氧。

55. 体外膜肺的工作模式有哪些？

体外膜肺的工作模式主要有2种。

(1) 静脉-静脉转流模式(V-V ECMO)：适合单纯呼吸辅助，无循环辅助功能，插管位置可采用左股静脉-右股静脉或右颈内静脉-右股静脉。

(2) 静脉-动脉转流模式(V-A ECMO)：可同时呼吸辅助和循环辅助，插管位置可采用股静脉、颈静脉或右心房，动脉可采用股动脉、升主动脉或颈动脉。

56. 股动静脉 V－A ECMO 需要常规放置侧支灌注吗？

股动静脉 V－A ECMO 时，建议常规放置下肢侧支灌注，以减少下肢缺血并发症的发生。

57. 体外膜肺与体外循环的区别是什么？

体外膜肺与体外循环主要区别在于 ECMO 有以下优势：① 实施场所不同，CPB 通常在手术室实施，ECMO 实施的场所较广泛；② ECMO 是一个密闭的系统，不存在静脉引流贮血，而 CPB 是开放系统，存在静脉引流贮血；③ 抗凝要求不同，CPB 需全身肝素化，而 ECMO 多是部分抗凝，肝素的用量低；④ CPB 用到低温，而 ECMO 是常温；⑤ ECMO 不需要血液稀释，而 CPB 过程会采用血液稀释；⑥ 插管部位不同，ECMO 过程中不同的转流模式插管部位不同，如股动静脉插管、颈内静脉插管、颈总动脉插管等。

58. 体外膜肺的优点有哪些？

体外膜肺有以下优点：① 胸腔外插管，设备简单，是封闭系统；② 维持时间长；③ 正常体温、血流和红细胞比容；④ 血细胞破坏少；⑤ 肝素用量少，出血少；⑥ 患者可清醒或间断清醒。

59. 需体外膜肺支持的心脏指标有哪些？

心脏功能达以下指标，可选用 ECMO 支持：① 心脏指数<2 L/(m^2·min)达 3 小时；② 代谢性酸中毒碱剩余(base excess，BE)>-5 mmoL 达 3 小时；③ 新生儿平均动脉压<40 mmHg，婴幼儿<50 mmHg，儿童<60 mmHg；④ 少尿<0.5 mL/(kg·h)；⑤ 术后大量血管活性药效果不佳，难脱机者。

60. 需体外膜肺支持的肺相关指标有哪些？

肺功能达以下相关指标需体外膜肺支持：① 肺氧合功能障碍 $PaO_2<50$ mmHg 或 DA-a$O_2>620$ mmHg；② 急性肺损伤 $PaO_2<40$ mmHg，pH<7.3 达 2 小时；③ 机械通气 3 小时 $PaO_2<55$ mmHg，pH<7.3；④ 机械通气出现气道压伤。

61. 体外膜肺应用的适应证有哪些？

ECMO 适应证有：① 严重的急性心肺功能衰竭，常规治疗无效，预计短期内能恢复或改善,或患者有相应的后续治疗措施;② 心脏术后心源性休克;③ 移植或心室辅助的过渡;④ 急性心肌炎;⑤ 急性心肌梗死、心源性休克;⑥ 急性肺栓塞的抢救;⑦ 肺移植:ECMO 引起的全身炎症反应比 CPB 更小;⑧ 急性呼吸窘迫综合征;⑨ 无心跳供体支持;⑩ 重症肺炎等。

62. 体外膜肺应用的禁忌证有哪些?

由于应用技术和经济水平的提高,ECMO 的禁忌证是相对禁忌证:① 机械通气>7 天;② 无法建立合适的血管通路;③ 低氧性脑病;④ 各种严重不可逆状态;⑤ 手术后或严重创伤后 24 小时内;⑥ 严重活动性出血;⑦ 颅脑损伤合并颅内出血 24 小时内;⑧ 恶性肿瘤;⑨ 高龄患者(年龄>70 岁);⑩ 进展性肺纤维化;⑪ 无法解决的外科问题。

63. 体外膜肺支持中需要哪些监测和管理?

① 药物的调整;② 气体管理与机械通气参数调整;③ 维持氧代谢平衡;④ 加强血气监测;⑤ 注意流量管理;⑥ 抗凝监测与管理;⑦ 血液稀释程度监测;⑧ 血液破坏的预防和处理;⑨ 血流动力学管理;⑩ 温度管理;⑪ 水电解质;⑫ 管道管理;⑬ 泵的管理;⑭ 出血处理;⑮ 日常常规护理;⑯ 预防感染;⑰ 热量补充;⑱ 定时膜肺更换;⑲ 麻醉管理;⑳ 监测管理记录等。

64. 体外膜肺撤出流程和相关指标有哪些?

(1) 患者肺功能改善,当循环流量仅为 10%~25%,并维持正常代谢时。

(2) 需达到的脱机指标:① 肺恢复:胸部 X 线清晰、肺顺应性改善、PaO_2 上升、$PaCO_2$ 下降、气道峰压下降;② 心脏恢复:SvO_2 上升、脉压差增大、心电图正常、超声心脏收缩舒张正常;③ 逐步调整强心或血管活性药的剂量。

(3) 停机前,体内适量加一些肝素,撤机。

(4) 在终止 ECMO 后 1~3 小时病情稳定,可拔出循环管道。

(5) ECMO 7~10 天后有器官功能损伤不可逆情况应终止 ECMO。

65. 体外膜肺应用的并发症有哪些?

(1) 机械并发症:① 氧合器功能障碍;② 通气血流比例失调;③ 血栓形成;④ 插管置管并发症;⑤ 导管置入困难或插入夹层;⑥ 出血,局部血肿;⑦ 插管位置异常导致静脉引流不畅;⑧ 动脉灌注阻力增大插管崩脱,血液破坏;⑨ 插管及管路松脱、离心泵断电、设备故障。

(2) 患者相关并发症：① 出血、血栓形成及栓塞、感染；② 循环系统并发症：心肌功能受损、心包填塞；③ 气胸或张力性气胸；④ 低钙血症或血钾异常、肾功能不全；⑤ 神经系统并发症；⑥ 溶血、高胆红素血症（红细胞破坏、肝功能受损）；⑦ 肢体末端缺血。

66. 体外膜肺未来发展前景如何？

ECMO 用以治疗威胁生命的呼吸衰竭已有丰富经验，ECMO 技术在新生儿患者抢救中的应用也在快速增加，可成为治疗新生儿、婴儿严重呼吸衰竭的标准方法。随着我国医疗卫生条件的改善，经济水平的提高以及 ECMO 适应证的扩展，ECMO 将会成为危重症救治的重要技术。未来的 ECMO 相关材料技术更加先进、设备更加便捷（可移动）、管理更加智能，对患者的生理影响及相关并发症更少。

67. 心衰的定义是什么？

心衰是心力衰竭的简称。指在具备一定回心血量的条件下，由于心肌收缩和（或）舒张功能障碍，心输出量无法保障器官组织代谢需要的一种病理生理综合征。临床上以心输出量下降、组织灌注减少及肺循环或体循环淤血为特征。

68. 心衰的治疗方法有哪些？

目前心衰的治疗方法主要有：药物治疗、外科手术、机械辅助循环、心脏移植、细胞移植；因为外科手术作用有限，供心和费用的问题也限制了心脏移植的广泛应用，大部分心衰依然靠药物治疗。机械循环辅助技术随着科技发展在临床上得到越来越多的应用，可在将来成为药物治疗和心脏移植治疗手段的有效补充。

69. 什么是机械循环支持设备？

机械循环支持设备是指可以部分或全部地替代心脏射血功能，保障全身组织器官血液供应的人造机械装置。机械循环支持设备（mechanical circulatory support devices，MCSD）又称机械循环辅助装置。

70. 机械循环支持设备常见的适应证有哪些？

机械循环支持设备常见的适应证有 3 个：① 心肌或血流动力学康复桥接治疗；② 心脏移植桥接治疗；③ 心脏移植替代治疗或"终期治疗"。

71. 康复桥接治疗的临床适应证有哪些？

康复桥接的临床适应证主要是：心脏移植后（包括移植后供体心脏保护不良）、急性心肌梗死、病毒性心肌病及其他原因等引起的心源性休克。

72. 什么叫移植桥接治疗？

移植桥接治疗是指在心脏移植前使用机械循环支持设备对患者进行支持和改善生理状态，直到获得供体心脏时才拆除 MCSD 的一种治疗方式。

73. 什么是机械循环支持设备的终期治疗？

机械循环支持设备终期治疗是指将 MCSD 当作不适合接受心脏移植的终末期心力衰竭患者的长期永久的一种治疗方式。

74. 机械循环支持设备最主要的部件是什么？

机械循环支持设备最主要的组成部件是血泵。

75. 机械循环支持设备的血流传送方式有哪些？

MCSD 的血流传送方式有 2 种不同的形式，但本质都是泵：一种是通过高速转子泵给患者提供一个持续的血液循环（非搏动性血流），而另一种方式则是通过容量置换泵（与患者的自体心跳并不同步）给患者提供搏动性血流。

76. 搏动性血泵的工作原理是什么？

搏动性血泵通常是容量置换泵，搏动性血泵都有模仿自体心脏二尖瓣和主动脉瓣的流入口和流出口瓣膜，能像自体心脏一样的工作，它的工作原理是当流入泵室的血流达到一定容量后，血泵即将这些血液射入主动脉。

77. 连续性血泵的机械原理是什么？

连续性血泵设备的机械原理各有不同，分为轴流泵或离心泵；有轴承的连续性的设备被称作为第 2 代产品，而磁悬泵被称作第 3 代产品。连续性血泵设备因为没有瓣膜，所泵出的血流是连续性的。

78. 与搏动性血流泵相比，连续性血泵的优、缺点有哪些？

连续性血泵优点：不需要"血室"而具有体积小的优势，体积小使其更容易植入,从而减少并发症,有利于术后快速恢复;使用持续性血流设备作为移植桥接治疗的生存率较好。连续性血泵的缺点:持续性血流设备存在自身特有的问题,这些设备没有瓣膜,因此需要一个最少流量以防止"设备功能不全",一旦设备突然断电,造成的血液反流可能是灾难性的。另外,患者较长时间使用非搏动性设备,将会出现与设备相关的并发症(如胃肠道出血)等。

79. 机械循环支持设备血泵的分类方法有哪些?

根据辅助用的血泵是否植入体内可分为:植入装置、非植入装置;根据辅助的部位不同分为:左心辅助、右心辅助、全心辅助;在实际工作中左心衰竭的患者占比最大,所以对左心辅助循环的研究最多。

80. 心室辅助装置如何分类?

心室辅助装置根据辅助的部位不同分为:左心辅助、右心辅助和全心辅助。

81. 左心室辅助装置植入的适应证有哪些?

适合临床适应证患者的临床及血流动力学标准为:药物治疗无效或主动脉内球囊反搏后心脏指数<1.5 L/(m^2·min),动脉收缩压<80 mmHg或平均动脉压<65 mmHg,肺毛细血管楔压>20 mmHg,成人在利尿药应用后尿量<20 mL/h,体循环血管阻力>2 100 dyn·s/cm^5。

82. 根据血泵工作原理,左心室辅助装置可分为哪些类型?

左心室辅助装置根据工作原理分类可分为:滚压泵、搏动泵、旋转泵和全人工心脏。

83. 根据辅助血泵的辅助时间,左心室辅助装置可分为哪些类型?

左心室辅助装置根据辅助时间可分为:短期辅助、中长期辅助和永久辅助。

84. 左心室辅助装置的应用形式有哪些?

左心室辅助装置的应用形式有3种:① 作为心脏恢复前的过渡治疗:在药物治疗或主动脉内球囊反搏无效而心脏功能在辅助下近期可以恢复的。② 作为心脏移植前的过渡治疗:终末期心衰药物治疗效果不佳,更多的患者在心脏移植前需要辅助循环支持过渡,可降低患者在等待供心期间的死亡率,且改善患者的活动耐量。③ 作为永久支持治疗：对于不适合心脏移植的终末期心脏病患者永久性的辅助循环支持，可以提高其生存率和生存质量。

85. 左心室辅助装置血泵的植入方式有哪些？

搏动泵根据辅助时间的长短可以置入腹壁肌层或者放置于体外，轴流泵一般可以置于胸腔，适应于长期辅助。灌注管可以位于升主动脉、降主动脉、腹主动脉及股动脉。而引流管的位置有 4 种：左心耳处引流用于心脏移植过渡或术后低心排；心尖处引流是心脏移植过渡的理想位置；左心房顶处引流是最好插管的位置，可用于心脏移植过渡和术后低心排；房室间沟处引流适宜心脏移植前过渡或术后低心排。

86. 左心室辅助装置支持系统启动的注意事项有哪些？

注意事项有：① 所有搏动血流支持系统的启动技术都是相似的，机械通气首先恢复，心脏逐渐充盈；② 支持装置人工启动直至建立合适的前负荷和后负荷；③ 如果支持装置启动后未能使左心室减压，则必须考虑流入道（流入心室辅助装置）阻塞的可能性；④ 如果血液倒流到肺血管系统，就可能导致肺水肿；⑤ 如果流入道和流出道的插管位置合适，并且左心室得到了有效减压，那么经食管心脏超声心动图监测就可以发现室间隔向左心室方向位移。

87. 经食管心脏超声心动图（transesophageal echocardiography，TEE）在左心室辅助装置支持系统启动中有什么作用？

TEE 在左心室辅助装置支持系统启动中起到发现异常和指导处理的作用。

88. 主动脉瓣关闭不全对左心室辅助装置的影响有哪些？

主动脉瓣关闭不全会导致灾难性的后果，对于心源性休克的患者术前即使是轻度的主动脉瓣关闭不全依然是个大问题，因为大量的血流经左心室-左心室辅助装置-升主动脉，再通过关闭不全的主动脉瓣反流回左心室，形成无效循环，而净前向灌注血流却降低。

89. 左心室辅助装置启动后，发生心内分流的原因有哪些？

启动心室辅助装置支持后，由于房室间压力状态改变会导致原来静止的心内分流变为临床可见的显著分流。20%的患者存在卵圆孔未闭，但绝大多数处于临床静止状态,在启用左心室辅助装置支持致左心室和左心房减压后,右心房压会高过左心房压;在这种情况下,即使一个小的卵圆孔未闭也会导致大量的右向左分流,表现为动脉血氧饱和度下降和可能导致的空气栓塞。这些心内分流在启动心室辅助装置支持前后要用经食管心脏超声心动图检查评估,一旦发现就要将其封闭。

90. 左心室辅助装置启动过程中的药物支持有哪些?

通常需要使用体循环血管收缩药来处理;抗心律失常药也通常在从体外循环过渡到机械循环支持系统前开始使用。正性肌力药如多巴酚丁胺、肾上腺素对于右心功能支持可起到很重要的作用,部分缩血管药和抗心律失常药也需要使用。NO吸入(20～40 ppm)可能是一种不可取代的早期处理;扩张肺血管的实验性方法包括吸入硝酸甘油、吸入前列环素及西地那非;另外可选择的包括磷酸二酯酶抑制剂或奈西立肽,通常与体循环血管收缩剂如血管加压素合用。

91. 右心室辅助装置的植入方式有哪些?

右心室辅助装置循环支持时,右心房或右心室插管都是可以选择的,即使在长期支持的情况下,右心房插管也未发现会导致右心室血栓形成,右心室辅助装置的流出道,通常吻合在肺动脉上;心室辅助装置置入时可以不需要体外循环支持,但通常还是会选用体外循环的支持。

92. 右心室辅助装置支持系统启动的注意事项有哪些?

右心室辅助装置支持系统启动的注意事项:比起左心室辅助装置或者双心室辅助装置来说,单独使用右心室辅助装置支持的情况比较少见,然而一旦需要使用,其考虑的要点在右心腔排气、右心室充分减压等,与使用左心室辅助装置类似但又有不同。

93. 肺循环对右心辅助装置支持系统启动的影响有哪些?

肺循环对右心辅助装置启动的影响主要在于肺循环阻力或压力对泵流率的影响。如果选用右心室辅助装置是搏动泵,并且右心室前负荷是足够的,即使肺动脉压、肺血管阻力很高,辅助泵功能也可以很好地维持,然而即使泵流率能维持正常,过高的肺动脉压力有可能导致肺水肿,因此监测和控制肺动脉压力依然是有益的。当然,如果选用右心室辅助装置是恒流泵,那么过高的肺血管阻力则会限制泵的流率。

94. 右心室辅助装置启动过程中的药物支持有哪些?

在大多数情况下,右心室辅助装置启动后,使用一些正性肌力药(肾上腺素、多巴胺、多巴酚丁胺等)以支持左心室功能是有必要的。

95. 双心室辅助装置的植入方式有哪些?

双心室辅助装置的植入方式即同时使用右心室辅助装置和左心室辅助装置,其具体的插管与连接方法,与各自的辅助装置连接方法一致。

96. 双心室辅助装置支持系统启动的注意事项有哪些?

① 首先启动左心支持系统,也可以选择左右心室辅助系统同时启动,这样可以避免左心室过度扩张而致肺水肿;② 由于心脏不需要再做功,正性肌力药的支持通常可以完全停止;③ 双心室支持可以让心脏处于完全休息状态,而且常可使静脉系统同时完全减压,这样可以减轻肝脏等外周器官的淤血;④ 肺动脉导管因再次置入可能会很困难而不需要拔除;⑤ 当右心室辅助装置开始工作后,热稀释心排量测定将无法进行。

97. 双心室辅助装置支持系统启动过程中对流率的影响有哪些?

右心室辅助装置和左心室辅助装置的流率应该相近,但左心室辅助装置通常流率会更高些。双心室辅助装置支持启动早期,有两种情况会使右心室辅助装置流率超过左心室辅助装置:① 左心侧一条或两条插管位置不佳阻碍血流流入或流出辅助装置,右心室辅助装置的血流增加将导致肺充血;② 左心室功能开始恢复时,可以在左心室辅助装置血流的基础上额外射出一些血液,这可以通过心电图的QRS波群对应的动脉压力波形表现来识别。

98. 人工心脏的植入方式有哪些?

安装人工心脏需要切除自体心脏,目前使用的系统需要切除心室,保留心房用于装置的固定,采用袖状缝合将泵室与心房连接;目前在临床上使用的两个系统都是有两个瓣膜,分别位于(房室)流入口和(主动脉瓣或肺动脉)流出口的位置;两个泵室通过独立的管道分别与主动脉和肺动脉相连。

99. 心室辅助装置植入术中麻醉注意事项有哪些?

麻醉注意事项有:① 血管通路:因失血和凝血功能障碍是一个大问题,大口径的血管通路是必需的。② 监测：术中常规监测及有创动脉血压、肺动脉导管和 TEE 评估等。③ 麻醉技术：在全身麻醉下进行，使用中等剂量（芬太尼总剂量 20~40 μg/kg）到大剂量阿片类（芬太尼总剂量 50~75 μg/kg）以减少对血流动力学的影响。如果肾脏或肝脏功能受损，选择顺式阿曲库铵。避免使用氧化亚氮增加肺血管阻力及引起空气栓塞的可能。

100. 心室辅助装置植入术中的外科技术有哪些？

心室辅助装置植入术中的外科技术主要是各种装置的插管技术。在使用左侧或右侧心室辅助装置作短期支持时，心房插管是建立流入道最常用的方法；右心支持时常选用右心耳部位插管，而左心支持时，房间隔近右上肺静脉连接处是最常用的插管部位；左心室心尖部插管作为流入道能最大程度减轻左心室淤血并产生最好的心脏减压效果；对于大多数长期使用的左室辅助装置，左心室心尖部是唯一可以接受的流入道插管位置。

101. 心室辅助装置植入术的常见并发症有哪些？

心室辅助装置植入术的常见并发症有右心循环衰竭、出血、气栓、血栓栓塞、感染、设备故障等。

102. 心室辅助装置支持系统如何撤机？

对于心功能已恢复的患者，心脏已有射血功能，动脉压力波会出现与自身 QRS 波群一致的脉搏波。当辅助装置的流量逐渐下调时，心脏本身的负荷状态逐渐转为正常，心脏射血会变得越来越显著。如果辅助流量能够降低到 1 L/min，而患者依然能在适当的正性肌力药支持下保持充分的灌注，辅助装置就可以考虑拆除了；当心脏负荷恢复后经食管超声心动图又一次成为评估心脏功能非常有用的方法。大多数辅助装置的撤离需要体外循环的辅助而只能在手术室内完成。

103. 安装心室辅助装置辅助的患者进行非心脏手术时如何管理？

经过数周至数月辅助支持治疗的患者可以安全地耐受常规的非心脏手术。需注意：① 要清楚哪个心室在接受辅助支持；② 使用的是搏动泵还是恒流泵；③ 专业技术团队人员转运和术中管理非常关键；④ 清楚地了解泵流量有助于确定体循环和肺循环血管阻力；⑤ 经食管超声心动图评估非常有用；⑥ 要清楚患者的凝血状态；⑦ 要保持静脉通路通畅；⑧ 要清楚患者使用的药物；⑨ 过度使用电凝止血可能间歇性地干扰某些泵的功能；⑩ 如果需要进行电除颤或电复律，大多数情况下直流电复律是可行的。

104. 主动脉内球囊反搏(intra-aortic balloon pump, IABP)的概念是什么？

IABP 是通过股动脉植入带有气囊的导管，使气囊部分位于肾动脉开口近端和左锁骨下动脉远端之间的降主动脉内，导管的远端连接反搏机，在心脏舒张期气囊充气(气囊内气体为二氧化碳或氦气)，而在心脏收缩前气囊排气，从而起到辅助循环的装置。

105. 主动脉内球囊反搏的重要部件有哪些？

IABP 的重要部件有：① 气囊导管：气囊导管采用含硅的聚脲氨脂高分子材料制成，具有较好的抗血栓性能和生物组织相容性，且均为一次性使用；② 驱动控制与报警系统由电源、驱动系统-氦气、监测系统、调节系统、触发系统(心电图触发、动脉压力波触发等)等部分组成。

106. 主动脉内球囊反搏的工作原理是什么？

当反搏导管置入主动脉后，导管与反搏泵主机连接，储气单元内的氦气注入反搏球囊中，气泵产生正压和真空，触发信号激动控制器，控制器向正压控制阀发出指令，正压作用于安全盘驱动球囊充气，触发信号转为排气相时，真空阀开启，通过安全盘将球囊中气体排出。即气囊的近端或近端球形气囊先充气，接着远端气囊充气而发生序贯式的膨隆，这样使胸主动脉降部远端的血流先被阻断，随着气囊的膨隆，降主动脉内血液被挤向近端，从而使主动脉弓和升主动脉内压力升高。

107. 主动脉内球囊反搏放置的指征有哪些？

主动脉内球囊反搏广泛应用于血管成形术或瓣膜置换术等体外循环后出现的左心室功能衰竭；也应用于使用最大剂量正性肌力药物维持心功能等待心脏移植的心源性休克患者，以及由于心肌梗死或顽固性心绞痛所致的心源性休克；还有用于左冠状动脉主干病变、心室节律紊乱、右心室功能衰竭、肺栓塞；在右心室功能衰竭的情况下，IABP 可放置到肺动脉内，这需要在手术室内通过暴露心脏和大血管来完成。

108. 主动脉内球囊反搏放置的禁忌证有哪些？

主动脉内球囊反搏使用的禁忌证包括：增加心室舒张期压力将增加关闭不全而增加反流量的主动脉瓣关闭不全、动脉粥样硬化（容易发生动脉栓塞）、主动脉瘤（球囊膨胀或通过时可使合并有主动脉瘤的患者主动脉壁出现穿孔）、脓毒血症（可能造成难以治疗的感染）、严重的髂主动脉或下肢疾病。

109. 主动脉内球囊反搏的植入主要有哪些步骤？

主动脉内球囊反搏植入过程有以下几点：① 植入 IABP 通常是经皮或经手术切开后穿刺股动脉，以赛定格技术通过钢丝置入一个大口径的导管鞘；② 通过导管鞘置入球囊导管；③ 球囊理想的位置是置于降主动脉与主动脉弓的交界处，末端正好位于左锁骨下动脉开口远心端处，近端在肾动脉开口近心端处；④ 如果术中放置 IABP，在启动 IABP 之前要使用经食管超声心动图来确定导管尖端正确的位置。如有可能，也可使用 X 线透视检查来帮助定位。

110. 主动脉内球囊反搏的设置和操作中有哪些重要参数？

在主动脉内球囊反搏的设置和操作中有几个重要的参数：① IABP 与心脏节律的同步。② 球囊充气和放气时间要准确调定。③ IABP 搏动与自身心室搏动的比率：通常心动过速和准备撤机先以 1∶2（每两次心脏跳动反搏一次）的比例开始启动反搏，心率<100 次/min，反搏比通常需要调定至 1∶1 以获得最佳反搏效果。④ 球囊充气量：通常将球囊充气量设为患者理想心搏量的 50%～60% 比较合适。⑤ 球囊充气和排空所需时间。

111. 主动脉内球囊反搏辅助期间如何抗凝？

IABP 使用时间延长，抗凝通常需要考虑。在体外循环停机数小时内或者到胸腔引流量被控制到可接受的范围内（少于 100～150 mL/h）这段时间里，可能不需要考虑抗凝；肝素可以防止 IABP 相关的血栓形成，并且有现成的拮抗剂可以使用，但在体外循环后 6 小时，许多外科医生显然是不愿意提倡用肝素进行治疗；如果使用肝素抗凝，需要每隔 4～6 小时进行激活全血凝固时间测定以确保抗凝状态合适，或维持部分凝血活酶时间在正常值的 1.5～2 倍。

112. 主动脉内球囊反搏如何撤机？

当正性肌力药量显著减少后，减少 IABP 支持，正性肌力药有足够的空间上调以支持循环功能时,就可以考虑使患者逐渐脱离 IABP 循环支持。脱机过程要逐渐完成(6~12 小时以上),在保证血流动力学状态可接受的前提下,逐渐调低反搏比例(为 1∶1~1∶2 或 1∶1~1∶4 或更少)和(或)减少球囊充气量,这一过程中通常需要增加正性肌力药用量以支持循环功能。也可通过对比自身脉搏波和动脉内描记到的反搏加强后的心室搏动波,来评估心室功能状态。

113. 主动脉内球囊反搏的并发症有哪些?

最常见的并发症是血管相关并发症,包括肢体缺血、筋膜室综合征、肠系膜梗死、主动脉瓣穿孔以及主动脉夹层等;其他并发症包括感染和凝血障碍;神经系统并发症包括感觉异常、缺血性神经炎、神经痛、足下垂等,甚至截瘫;有严重主动脉粥样硬化斑块钙化的患者,可能发生气囊破裂气栓;溶血;主动脉内球囊反搏的测压端口位于气囊导管的尖端距离颈动脉的开口很近,测压管道测压导致大脑空气栓塞的风险更高。

114. 主动脉内球囊反搏最常见的严重并发症是什么?

主动脉内球囊反搏最常见的严重并发症是下肢缺血。

115. 主动脉内球囊反搏充气和放气与心动周期如何实现同步?

主动脉内球囊反搏通过触发系统调节实现与心动周期的同步,IABP 触发模式有心电图触发和压力触发,常用的触发模式是心电图触发,通过心电图可以识别心脏舒张期的开始,从而启动球囊充气,心电触发敏感但易受干扰;压力触发通过感知主动脉的压力变化,识别心脏舒张期的开始而触发球囊充气,压力模式抗干扰但不敏感。

116. 主动脉内球囊反搏的局限性有哪些?

主动脉内球囊反搏的局限性:① 被动辅助心脏是 IABP 最大的局限,依赖自身心脏收缩及稳定的心脏节律来增加心输出量,且支持程度受限,对严重左心功能不全或持续性快速型心律失常者效果欠佳。② 股动脉较细或动脉粥样硬化严重的女性或老年患者不适用。③ 冠状动脉狭窄远端的血流不会增加。

117. 起搏器系统的主要组成要件有哪些?

由脉冲发生器、电极导线、电极-组织界面及程控仪四部分组成心脏起搏系统。

118. 电极导线有几种类型？

电极导线有以下几种类型：单极（每根导线有一个电极）、双极（每根导线有两个电极）和多极（每根导线有多个电极和电线，并与多心腔相连）。

119. 双极电极的优点有哪些？

双极电极具有较强的感知对抗肌肉信号或杂场电磁场干扰的能力，并且具有起搏、感知或两种功能兼有的单极模式。

120. 植入型心律转复除颤器（implantable cardioverter defibrillators，ICDs）装置过程中能用单极起搏吗？

在使用所有的 ICDs 装置过程中绝对禁忌进行单体起搏。

121. 起搏器植入的禁忌证有哪些？

起搏器植入的禁忌证：① 急性活动性心脏病变（如急性心肌炎）；② 合并全身急性感染性疾病。

122. 什么是磁铁反应？

磁铁反应是指在心脏植入型电子设备（cardiac implantable electrical device，CIED）的脉冲发生器所在部位的皮肤表面放一块磁铁时，因 CIED 内部的磁铁开关闭合将使大部分 CIED 的工作模式发生改变。起搏器的工作模式将由原来的同步状态转换为非同步状态，此时起搏器将不再感知自身电活动，而将以固定频率发放起搏脉冲。对于所有发生器来说，电话咨询生产厂商仍然是确定磁铁反应的最可靠方法。

123. 评价起搏器电池电压、阻抗、导线性能以及当前设置是否稳妥最可靠的方法是什么？

最可靠的方法是咨询生产厂商和程序员。

124. 避免起搏器在术中发生意外最安全的方法是什么？

合理地将起搏器程序重置为非同步起搏且频率大于患者的基础心率是避免起搏器在术中发生意外最安全的方法。

125. 可能需要重新设置起搏器程控的情况有哪些？

某些患者出现以下情况起搏器应重新设置以避免可能对患者造成的损伤或防止把起搏器节律变化与起搏器功能障碍相混淆：如肥厚型梗阻性心肌病、扩张型心肌病、小儿患者、起搏器依赖患者、胸部或腹部大手术患者应该关闭频率增强功能；特殊的操作或检查：碎石术、经尿道切除、宫腔镜、电惊厥疗法、应用琥珀胆碱（可能提高起搏阈值致心动过缓甚至停搏）、磁共振成像等。

126. 术中或操作时起搏器管理的注意事项有哪些？

管理上应注意以下几点：① 患者心电图监测必须能识别起搏信号；② 患者监测必须包括能确保起搏电活动转变为心肌机械收缩力的能力，评价心肌机械收缩力最好的方法是脉搏氧饱和度或者有创动脉血压波形；③ 有些患者射血分数低于30%，他们依赖双心室起搏来改善心排；④ 某些患者在围术期需要增加起搏频率，以满足氧需增加的要求；⑤ 对必须有适当的设备以提供备用起搏和或除颤。

127. 术前重新设置起搏器程控，术后处理有哪些？

术前重新设置起搏器程控的，需要在术后尽快恢复术前的工作状态以促进患者的术后康复，术后可即刻就进行专科专业咨询处理。术前重新设置起搏器程控的患者手术结束后要严密监护，适时转入重症监护室，直到重新启动抗心律失常治疗。

128. 植入起搏器的患者，中心静脉穿刺置管应选什么入路？

中心静脉穿刺时，选择适当的入路，例如用股静脉穿刺置管来代替颈内静脉或锁骨下静脉置管。在心脏植入型电子设备放置 90 天内，因为导线与心肌连接的部分仍存在水肿，导线易脱落；要警惕在植入型心律转复除颤器的患者身上操作时可能会诱发电除颤。

129. 起搏器脉冲发生器一般植入在什么位置？

脉冲发射器可埋植于胸前左侧或右侧，囊袋大小应适宜。

130. 起搏导线植入的静脉选择有哪些？

供导线插入的静脉左右共有 8 条：浅静脉是头静脉和颈外静脉，深静脉有锁骨下静脉和颈内静脉。

131. 为预防植入脉冲发生器过程的出血倾向，术前抗凝管理需要注意什么？

术前应对患者的凝血功能进行必要的检查，包括出、凝血时间和凝血酶原时间；对服用血小板抑制剂如阿司匹林者应停药一周；服用华法林者应调整 INR 至 1.5；应用肝素治疗者，需停用肝素至少 6 小时，术后 24～48 小时后才恢复使用肝素或华法林。

132. 起搏器植入后随访的目的有哪些？

随访的主要目的是：① 了解起搏器工作状况；② 测试起搏阈值等各项起搏参数，进一步评价其工作状况；③ 发现起搏故障；④ 程控起搏器，使其工作在最优状态并处理起搏故障；⑤ 预测和确认电池耗竭；⑥ 治疗原发病，防止和处理并发症；⑦ 对患者及其家属进行有关起搏器知识的宣传及教育。

133. 起搏器植入治疗的相关并发症有哪些？

起搏器植入治疗的相关并发症有以下几点：① 气胸和血胸；② 出血和血肿；③ 囊袋伤口破裂和感染；④ 心肌穿孔；⑤ 静脉血栓栓塞和闭塞；⑥ 起搏器综合征；⑦ 电极导线移位；⑧ 电极导线损伤和断裂；⑨ 脉冲器发生故障。

（王海英　陈伟　王嫣）

参考文献

[1] Linneweber J, Chow TW, Kawamura M, et al. In vitro comparison of blood pump induced platelet microaggregates between a centrifugal and roller pump during cardiopulmonary bypass[J]. Int J Artif Organs, 2002, 25(6): 549-555.

[2] Willcox TW, Mitchell SJ, Gorman DF. Venous air in the bypass circuit: a source of arterial line emboli exacerbated by vacuum-assisted drainage[J]. Ann Thorac Surg, 1999, 68(4): 1285-1289.

[3] Shore-Lesserson L, Baker RA, Ferraris VA, et al. The Society of Thoracic Surgeons, The Society of Cardiovascular Anesthesiologists, and The American Society of ExtraCorporeal Technology: Clinical Practice Guidelines-Anticoagulation During Cardiopulmonary Bypass[J]. Ann Thorac Surg, 2018, 105(2): 650-662.

[4] Rahn H. Body temperature and acid-base regulation. (Review article)[J]. Pneumonologie, 1974, 151(2): 87-94.

[5] Sakamoto T, Kurosawa H, Shin'oka T, et al. The influence of pH strategy on cerebral and collateral circulation during hypothermic cardiopulmonary bypass in cyanotic patients with heart disease: results of a randomized trial and real-time monitoring[J]. J Thorac Cardiovasc Surg, 2004, 127(1): 12-19.

[6] Harrington DK, Fragomeni F, Bonser RS. Cerebral perfusion[J]. Ann Thorac Surg, 2007, 83(2): S799-804, discussion S824-831.

[7] Wong BI, McLean RF, Naylor CD, et al. Central-nervous-system dysfunction after warm or hypothermic cardiopulmonary bypass[J]. Lancet, 1992, 339(8806): 1383-1384.

[8] Danial P, Hajage D, Nguyen LS, et al. Percutaneous versus surgical femoro-femoral veno-arterial ECMO: a propensity score matched study[J]. Intensive Care Med, 2018, 44(12): 2153-2161.

[9] Nazarnia S, Subramaniam K. Pro: Veno-arterial Extracorporeal Membrane Oxygenation (ECMO) Should Be Used Routinely for Bilateral Lung Transplantation[J]. J Cardiothorac Vasc Anesth, 2017, 31(4): 1505-1508.

[10] Bharat A, Pham DT, Prasad SM. Ambulatory Extracorporeal Membrane Oxygenation: A Surgical Innovation for Adult Respiratory Distress Syndrome[J]. JAMA Surg, 2016, 151(5): 478-479.

[11] Goldstein DJ, Mullis SL, Delphin ES, et al. Noncardiac surgery in long-term implantable left ventricular assist-device recipients[J]. Ann Surg, 1995, 222(2): 203-207.

[12] Mehlhorn U, Kröner A, de Vivie ER. 30 years clinical intra-aortic balloon pumping: facts and figures[J]. Thorac Cardiovasc Surg, 1999, 47(2): 298-303.

[13] Boeken U, Feindt P, Litmathe J, et al. Intraaortic balloon pumping in patients with right ventricular insufficiency after cardiac surgery: parameters to predict failure of IABP Support[J]. Thorac Cardiovasc Surg, 2009, 57(6): 324-328.

[14] Beholz S, Braun J, Ansorge K, et al. Paraplegia caused by aortic dissection after intraaortic balloon pump assist[J]. Ann Thorac Surg, 1998, 65(2): 603-604.

[15] Crossley GH, Poole JE, Rozner MA, et al. The Heart Rhythm Society (HRS)/American Society of Anesthesiologists (ASA) Expert Consensus Statement on the perioperative management of patients with implantable defibrillators, pacemakers and arrhythmia monitors: facilities and patient management this document was developed as a joint project with the American Society of Anesthesiologists (ASA), and in collaboration with the American Heart Association (AHA), and the Society of Thoracic Surgeons (STS)[J]. Heart Rhythm, 2011, 8(7): 1114-1154.

[16] Bayes J. A survey of ophthalmic anesthetists on managing pacemakers and implanted cardiac defibrillators[J]. Anesth Analg, 2006, 103(6): 1615-1616.

[17] Snow JS, Kalenderian D, Colasacco JA, et al. Implanted devices and electromagnetic interference: case presentations and review[J]. J Invasive Cardiol, 1995, 7(2): 25-32.

第十四章

血液净化设备和血液回收设备

1. 什么是连续血液净化技术?

连续血液净化(continuous blood purification,CBP)是指连续、缓慢清除水分和溶质的治疗方式的总称。包括连续性血液滤过、连续性血液透析、连续性血液透析滤过、缓慢连续性超滤、连续性高通量透析、高容量血液滤过、连续性血浆滤过吸附、日间连续性肾脏替代治疗等多项技术。

2. 连续血液净化设备的组成部件有哪些?

连续血液净化设备的基本装置包括:① 泵:包括血泵、置换液泵、透析泵、超滤泵和肝素泵;② 管道和连接;③ 滤器;④ 空气捕获器;⑤ 容量控制系统;⑥ 连续性血液净化的监控装置:流量和压力检测、温度监测、漏电保护装置。

3. 连续性血液净化的基本原理是什么?

基本原理是:① 弥散:由于半透膜两侧溶液的浓度差,溶质从高浓度一侧跨膜移动到低浓度一侧,逐渐达到膜的两侧溶质浓度相等。用于清除小分子溶质或电解质;② 对流:溶质伴随含有该溶质的溶剂一起通过半透膜的移动,称对流。跨膜的动力是膜两侧的水压差,通过该压差,溶质随水的跨膜移动而移动,用于清除中大分子量的溶质;③ 吸附:通过正负电荷的相互作用或范德华力和透析膜表面的亲水性基团选择性吸附某些蛋白质、毒物及药物(如补体/炎症介质、内毒素等)。膜吸附蛋白质后可使溶质的扩散清除率降低。在血液透析过程中,血液中某些异常升高的蛋白质、毒物和药物等选择性地吸附于透析膜表面,使这些致病物质被清除。

4. 连续性血液净化的优点有哪些?

连续性血液净化的优点有：① 血流动力学平稳；② 持续、稳定控制氮质血症，调节水、电解质、酸碱平衡；③ 清除毒素、炎性介质、溶质清除率高。

5. 连续性血液净化的适应证有哪些?

连续性血液净化的适应证包括：① 容量负荷过多：维持性血液透析患者、急性肺水肿、急性肾功能衰竭、心力衰竭、慢性液体潴留、少尿同时需要大量补液；② 清除溶质：急性肾衰伴有心衰或合并脑水肿、或合并高分解代谢；③ 酸碱和电解质紊乱：代谢性酸碱中毒、高钠血症、低钠血症；④ 非肾性疾病：全身炎症反应综合征、多器官功能衰竭综合征、急性呼吸窘迫综合征、肝性脑病、药物或毒物中毒等。

6. 连续性血液净化的并发症有哪些?

连续性血液净化的并发症包括：① 技术性并发症：血管通路不畅、血流下降和体外循环凝血、管道连接不良、气栓、水电解质平衡障碍、滤器功能丧失；② 临床并发症：出血、血栓、感染和败血症、生物相容性和过敏反应、低温、营养丢失、血液净化不充分。

7. 进行连续性血液净化的监测项目有哪些?有哪些不良反应?

① 监测项目包括：基本生命体征、液体平衡、血电解质及血气分析、出凝血功能。② 不良反应包括：感染、过敏反应、血管通路不畅及连接不良、体外循环凝血及血栓、出血、气栓、低温、水电解质平衡紊乱等。

8. 连续血液净化发生出血的原因及处理是什么?

发生出血原因与抗凝剂的应用有关,应定时监测出凝血时间,加强各种引流液、大便颜色、伤口渗血等情况的观察,及早发现出血并发症,调整抗凝剂用量或改用其他抗凝方法。

9. 连续血液净化预防凝血有哪些措施?

措施包括：① 确保血流通畅：避免患者体位多变,如屈膝、屈髋、屈颈、牵拉管路导致管路折叠、贴壁甚至脱落；② 正确的肝素预充和抗凝技术,合适的动、静脉壶液平面,建议静脉壶液面保持 2/3 水平；③ 及早发现体外凝血征兆：观察滤器两端盖内的血液分布是否均匀、滤器纤维颜色有无变深、管路内有无血液分层、静脉壶的滤网有无血凝块形成或手感发硬、液面有无泡沫、跨膜压是否进行性升高、可疑凝血时可以通过调整肝素的用量或加大前稀释置换液量。

10. 连续性血液净化常用的抗凝剂有哪些？

连续性血液净化常用的抗凝剂包括：普通肝素、低分子肝素、前列腺素、柠檬酸钠、枸橼酸、磺达肝素、达那肝素、水蛭素、阿加曲班和萘莫司他等。

11. 什么是自体血回输？

自体血回输是指用血液回收装置将体腔积血，术野的失血及术后引流血液经过回收、抗凝、过滤、洗涤等处理后，回输给患者。血液回收必须采用合格的设备，回收处理的血必须达到一定的质量标准。

12. 自体血回输的应用范围？

自体血回输应用于：① 择期手术术前需备血 2 U 以上的非感染、非污染性手术；② 急症手术如肝、脾破裂，异位妊娠，颅脑外伤，心脏、大血管损伤等；③ 术中意外大出血；④ 特殊原因：稀有血型、配血困难、拒绝异体输血；⑤ 器官移植手术。

13. 自体血回输的禁忌证？

禁忌证包括：① 被污染的血液：腹腔空腔脏器破裂，感染伤口、菌血症、败血症，开放性创伤超过 4 小时的血液，术中其他污染如创面洗涤液安尔碘、乙醇、过氧化氢等，创面有外用止血药如凝血酶等；② 恶性肿瘤：手术部位失血疑有癌细胞者（濒临生命危机状态除外）；③ 大量溶血，红细胞破坏；④ 镰状细胞性贫血。

14. 血液回收机的简要工作步骤有哪些？

简要工作步骤包括：① 安装采集装置：吸引/抗凝集合管路、抗凝剂、储血罐；② 回收：将血液、抗凝剂回收入储血罐；③ 充杯：将回收血由储血罐注入离心杯；④ 洗涤：将洗涤液泵入填充的红细胞，再将洗涤液经流出管道送入废液袋；⑤ 排空：泵逆转，洗涤自体红细胞通过进液管泵入输血袋；⑥ 其他流程：如浓缩，是将输血袋内的血液返回离心杯，增加血细胞比容。

15. 血液回收时哪些液体可作为清洗液?

避免引起溶血的情况下,可以使用各种可输入人体的液体进行清洗。目前,国外常规使用林格液,因其在各方面(pH、渗透压、各种离子的浓度等)更符合生理情况;国内目前多使用生理盐水作为清洗液。林格液清洗对红细胞形态、功能的影响更小。

16. 自体血回输并发症有哪些?

自体血回输并发症包括:① 凝血障碍:血液回收大于 3 000 mL 时,血小板减少,纤维蛋白原降低,凝血因子丢失,应补充血小板或新鲜血;② 低蛋白血症:大量清洗时,蛋白丢失过多,应补充蛋白和胶体;③ 血液被污染:手术时间较长,血液暴露在空气中时间过长,清洗量不足等原因可能造成细菌感染。

17. 如何判断血液已经洗涤充分?

当应用全自动模式时,可以根据"清洗质量监测器"自动检测。在手动模式时,根据肉眼观察从一次性血液离心杯流出的废液变成清亮时,即表明血液已洗涤充分。混入过量抗凝剂时,即使废液清亮也不一定清洗充分,至少清洗 1 000 mL 清洗液才能清除有害物质。

18. 产科手术是否可使用自体血回输?

剖宫产手术出血因含有羊水,即使大量清洗,也不能完全清除,羊水中的有形成分可造成肺栓塞、DIC 等严重并发症,但回收的血液经白细胞滤器过滤后可以回输给产妇。因此自体血回输可用于剖宫产手术。禁忌证包括:血液稠、发臭、疑似感染者;怀疑生殖器肿瘤自发破裂或浸润性葡萄胎,绒癌穿破的腹腔积血者。

19. 开放性外伤可否使用自体血回输?

开放性伤口由于无法证实其污染程度,因此不首选使用。但是当临床上已经发现有较大血管出血时,为抢救患者生命,可以有选择地使用,以补充血容量,但一定要作预防性抗菌治疗。

20. 肝破裂出血常含有胆汁,可否使用自体血回输?

当破裂部位在胆管水平以上时,胆汁是无菌的,可以进行血液回输。胆管以下水平破裂时慎用,因胆管中的厌氧菌可造成全身血源性继发感染。还需注意:胆汁是脂溶性溶液,需要注意清洗量,不宜过少,否则可能并发轻度黄疸。

21. 血细胞比容达到多少符合回输标准?

血细胞比容的高低取决于离心机的速度和离心杯的容量。血细胞比容太低,会影响回输的质量,血细胞比容太高,会影响回输的速度。一般情况,血细胞比容40%～60%为宜。另外需要注意的是,判断何时回输应以血液是否洗涤干净为标准,而不是血细胞比容。

22. 洗涤后的血液可放置多长时间?

一般在常温下,洗涤后的血液放置不宜超过6小时。低温(1～6℃)下,放置不宜超过24小时,以避免感染和细胞破坏。

23. 小儿外科手术可否使用自体血回收?

在成人,当出血量小于300 mL时一般不进行自体血液回收,但小儿因为其全身血容量基数小,即使回收少量的血液(50～100 mL)也是有意义的,可以明显减少异体血的用量。当血液较稀时,可以使用胶体液或林格液代替生理盐水进行洗涤,以减少红细胞的破坏,提高回收率。在小儿心脏外科手术,可以常规应用血液回收。

（王迎斌　张晶玉）

参考文献

[1] Fealy N, Baldwin I, Bellomo R. The effect of circuit "down-time" on uraemic control during continuous venovenous hemofiltration[J]. Critical Care & Resuscitation Journal of the Australasian Academy of Critical Care Medicine, 2003, 4(4): 266-270.
[2] 连庆泉.麻醉设备学[M].北京: 人民卫生出版社,2017.
[3] 张萍,陈江华.连续性血液净化技术在危重疾病治疗中的应用[J].中国实用内科杂志,2007(19): 1507-1510.
[4] 王质刚.连续性肾脏替代治疗进展[J].中国实用内科杂志,2007(01): 56-59.
[5] 季大玺,龚德华,徐斌.连续性血液净化在重症监护病房中的应用[J].中华医学杂志,2002(18): 71-73.
[6] 田英然,万琪,刘学东,等.血液净化新技术临床应用所致并发症的分析[J].护士进修杂

志,2005,20(4):378.
- [7] 纪伟.血滤深静脉置管管路并发症护理分析[J].中国医刊,2013,48(12):102.
- [8] 雍伟哲.《血液净化标准操作规范(2010版)》出版[J].中华医学信息导报,2010(09):7.
- [9] 周吉成,胡丽华,王学锋,等.自体输血临床路径管理专家共识(2019)[J].临床血液学杂志,2019,32(02):81-86. DOI:10.13201/j.issn.1004-2806-b.2019.02.001.
- [10] 花美仙,查占山,冯子阳,等.失血性休克犬自体回输洗涤血液与非洗涤血液后血栓弹力图各项指标比较分析[J].中国输血杂志,2013,26(2):137-139.
- [11] 魏燕琴,廖红,涂继善.术中自体血回输的临床应用[J].宁夏医学杂志,2003(03):189-191.
- [12] 陈绍礼.腹部创伤术中自体血回输中的几个问题[J].中国临床医生,2004(04):26-27.
- [13] New HV, Berryman J, Bolton-Maggs PH, et al. Guidelines on transfusion for fetuses, neonates and older children[J]. Br J Haematol, 2016, 175(5): 784-828. DOI: 10.1111/bjh.14233.

第十五章

围术期保温设备

1. 术中低体温有哪些危害?

低体温与药物代谢延迟、血糖浓度增高、血管收缩、凝血功能障碍、血管阻力降低等所致的外科感染有关;低体温还可带来其他不利影响:导致酸中毒、心律失常、应激性溃疡、血管舒张、神经损伤;御寒反应增加,特别是在清醒或麻醉较浅时,引起全身氧耗量增加、交感神经兴奋。大量研究结果显示,体温降低 1~2℃,心脏不良事件发生率将增加约 3 倍;手术切口感染率增加 3 倍;增加手术失血量及输血需要量约 24%;麻醉恢复时间及住院时间均相应延长。

2. 哪些患者需要严格监测体温?

① 全身麻醉时长大于 30 分钟。② 按照 ASA 标准,所有接受麻醉的患者,当临床上出现预示或怀疑有体温变化时,均应监测体温。患儿在经历区域麻醉或全身麻醉期间,要求持续监测体温。③ 更严格的要求:成人全麻超过 30 分钟或所有儿童都应监测体温;手术室环境温度应在 21℃ 以上;维持患者正常体温;低体温患者需要留在 PACU 直到体温恢复正常。

3. 哪些手术需要严格监测体温?

① 脑外科、心脏、大血管手术,特别是体外循环下进行的手术。② 胸腹腔开放性手术,术中常伴随体热、体液大量的丢失,往往需要密切监测体温变化。③ 合并肝脏功能障碍患者的手术。④ 家族中有恶性高热发病史,或存在诱发因素,甲亢病史、嗜铬细胞瘤等手术。⑤ 术前发热、严重感染、败血症等感染性疾病、脱水等患者的手术。⑥ 大量出血、大量补液、大量冲洗体腔或伤口的手术。

4. 术中体温升高可能的原因有哪些?

① 患者因素：患者自身的某些疾病或病例状态引起围术期体温增高。如严重感染、败血症、脱水等。② 医源性因素：如输血反应、药物反应、神经外科下丘脑附近区域手术、麻醉过浅致交感神经兴奋、麻醉设备故障二氧化碳蓄积，实施保温措施未监测体温等。③ 环境因素：手术室温度湿度过高、覆盖过多的无菌单影响患者散热。

5. 术中常用的体温监测方法有哪些?

体温测量的方法有多种，根据临床应用的不同，可将体温测量分为整体测温和局部测温。按测量的原理分为液体膨胀法、热敏电阻法、红外辐射法。按接触方式可分为接触式测温和非接触式测温。按所测部位可分为肺动脉中心测温、直肠测温、腋下测温、前额测温、口腔测温、食管测温、鼓膜测温等。

6. 围术期体温下降的原因有哪些?

① 患者因素：早产儿、低体重新生儿、婴儿、老年患者、皮肤完整性破坏患者、危重病患易出现低体温。② 环境因素：手术室温较低时，患者散热明显增加。③ 麻醉因素：全身麻醉可影响体温调节中枢，且抑制血管运动及寒战反应，使体温随环境温度而改变。区域阻滞时阻滞区域血管扩张，散热增加。④ 手术及输血、输液等因素：如术前使用冷消毒液擦拭皮肤；术中皮肤或胸腹腔长时间暴露；使用大量冷冲洗液冲洗体腔；输注大量低于体温的液体或血制品。

7. 不同部位体温监测的意义?

中心热隔室由高灌注组织构成，其温度一致，且高于身体其他部位。经肺动脉、食管远端、鼓膜或鼻咽部测定能评估该隔室温度。即使体外循环期间，仍可应用这些部位测温监测中心温度。利用口温、腋温、直肠温和膀胱温能估计中心温度，但在温度迅速变化时反应不准确。在心脏手术期间的膀胱温度，尿量少时膀胱温度基本等于直肠温度，但在尿量大时膀胱温度基本等于肺动脉温度。

8. 热敏电阻测温法主要特点有哪些?

热敏电阻是中低温区最常用的一种温度检测元件，是鼻咽、口腔、直肠等部位测温的设计基础。其主要特点是精度高、性能稳定，可直接连续读数，远距离测温，并可用一个电路显示器和多个探测电极，同时进行多部位测温。

9. 热敏电阻体温计如何清洁消毒？

① 每次使用完毕后，用软布蘸取适量3％过氧化氢或75％乙醇溶液擦拭温度探头。② 专人保管，定期消毒。③ 每次使用完检查接头是否完好，线体是否破损裸漏，若有破损裸漏，须及时维修或更换。

10. 红外辐射体温测量仪有哪些特点？

医用红外辐射体温测量仪测温范围在 $-10 \sim 50℃$，测量误差一般在 $0.2℃$，响应时间约1秒。红外测温法优点有：与被测对象不接触，测体温时不会造成感染；测量过程中不会扰乱被测对象的温度场；快速。缺点有：测温误差较大，不如接触式热敏电阻体温计；测量结果受多种因素影响，因此测量结果重复性较差，为提高测温精度，红外辐射测温仪必须采取辐射率修正、环境温度补偿和精确的温度定标等信号处理措施。

11. 耳鼓膜测温计使用时应注意哪些问题？

① 耳鼓膜测温计配有一次性使用的探头盖，以维持探头清洁并防止交叉感染。仪器出厂校准时是连探头盖一起进行的，因此测量时一定要装好探头盖。② 测量时，使用者要拉直耳道，使耳鼓膜温度计能尽量对准耳道底部鼓膜部位。③ 耳鼓膜测温计实际测得的是包括鼓膜和部分耳道的综合温度，需要矫正才能得到折算成鼓膜温度。④ 鼓膜温度与附近下丘脑与脑温相关性良好，是测中心体温最准的部位。鼓膜温度可近似地认为是基础温度。

12. 临床常用的体温测量方法有哪些？

在医学临床上广泛应用的测温方法有：液体膨胀法、热敏电阻法、辐射法，另外化学测温法也得到少量应用。辐射法属于非接触式测温，其余3种属于接触式测温。

13. 红外线辐射加温仪使用时应注意哪些问题？

① 红外辐射加温仪照射部位应选择血管靠近皮肤表面的动静脉吻合部位，如脸部、耳部、四肢等。② 皮肤能长期承受的安全温度上限是 $41℃$，为避免灼伤皮肤，辐射能量需控制在一定范围内。③ 应具有安全报警功能，通过体温探头监测患者体温，当超过设定的上限时，加温仪可自动切断热源。④ 在对脸部进行辐射时，应对眼睛进行保护。

14. 红外辐射加温仪工作原理？

红外辐射加温仪是通过红外光能量辐射至患者特定部位皮肤表面，增加皮肤及下丘脑温度调节中枢的热量输入，来消除患者寒战，预防低温症的装置。辐射加热灯头是无创性外部热源，用来产生红外辐射，辐射波波长集中于 2～3 μm 属于近红外，此波长段红外辐射能量能穿透表层皮肤组织，而被浅表血管中的血液所吸收，吸收了辐射能量的血液，经循环系统将能量输送到全身各处。

15. 红外辐射加温仪加热部位如何选择？

红外辐射加温仪应选择血管靠近皮肤表面的动静脉吻合部位，如脸部、耳部、四肢等。动静脉吻合是指微动脉发出的直接与微静脉相通的侧支血管，是人体微循环的组成部分，是调节局部组织血流量的重要结构。当动静脉吻合处收缩状态时，血液由微动脉流入毛细血管网；当扩张时，流经微动脉的血液将经此直接流入微静脉。

16. 变温毯基本工作原理？

临床常用的变温毯采用循环水变温法。其保温原理与使用办法与电热毯相似，通过直接热传导将热量传递给与之接触的患者。加温的能量是通过加热以后的循环水提供的，且循环水变温毯既可以用于升温也可以用于降温。变温毯由一个循环水管路与一个变温水箱相连。可根据需要设定成加热或冷却循环水，且温度可调。经加热或冷却的循环水通过变温毯与人体发生热交换达到改变人体体温的目的。

17. 变温毯使用中应注意哪些问题？

① 变温毯有成人、小儿等不同的类型，应根据患者特点选择适当的变温毯。② 变温毯放置在患者与手术床之间，需术前安置妥当。③ 患者与变温毯接触的组织受重力压迫，局部血循环较差，难以将热量传递到身体其他部位，且增加压力或热坏死（烧伤）的可能性。且患者与变温毯接触面积有限，热传导效率较差。④ 可以与其他保温措施协同使用，且需要监测体温变化趋势以评估保温措施的效果。

18. 简述保温毯基本工作原理？

保温毯又叫压缩热空气对流毯，工作时压缩机产生压缩空气；加热器可以加热压缩空气到设置的温度；鼓风机将加热后的热的压缩空气吹入保温毯，使整个系统维持一定的压力,使保温毯能够充盈,空气通过微孔产生对流;保温毯多为一次性使用的中空的医用薄膜,其患者接触面有大量均匀分布的微孔,吹入保温毯的热空气从这些微孔中流出,围绕在患者身体四周,流动的热空气有利于保持患者体温。

19. 保温毯使用中注意哪些问题?

不能给动脉血运障碍的肢体保温;应避免保温毯直接接触患者皮肤;因保温毯重量较轻,充气后不易包裹患者躯体,必要时可在保温毯上覆盖中单,使其更好地包裹患者;使用过程中要注意监测体温,避免高温气体烫伤。

20. 手术室室温调节的原则是?

控制环境温度的措施包括,使手术等候区的环境温度保持在较高的水平,使患者在术前保持温暖。在患者进入手术室之前将室温升高,在不导致工作人员产生不适感的情况下,尽量将室温维持在23℃以上。婴儿手术的室温应控制在更高的范围,应在对患者采取了保温措施以后再根据需要调低室温。

21. 保温毯有哪些类型?

保温毯有多种规格,按照使用的时间段分为术前、术中、术后3种。按手术体位分为上身毯、下身毯、全身毯、躯干毯。按手术类型可分为胸部手术毯、儿科毯、多用毯、导管室毯等。不同规格的保温毯与固定软管接口是一样的。

22. 加热液体的装置有哪些?

用于加热液体的装置有血液/输液加温仪、电子恒温水箱和电子恒温干燥箱。加热血袋时应严格控制设置温度及加热时间以避免影响血液成分。血液/输液加温仪是将输液/输血皮管缠绕在加热元件上,液体流经皮管时吸收热量而升温。电子恒温水箱和电子恒温干燥箱可以在输血或输液前预先加热输血/输液袋,但是不能在输注同时加热。

23. 输液加温装置的加温效能如何?

当大量、快速输注晶体液或血液制品时,冷的液体可造成患者体内热量显著丢失,可使用输液加温装置予以纠正。但不能通过输注过热的液体给患者加温,因为所有输注的液体温度不能(过多地)超过体温。使用加温装置加热器与患者之间的管道中液体可能降温,但这种降温对成人几乎没有影响;流量大时几乎不会丢失热量;流量小时所输入的液体量少,影响小。特殊的高容量系统具有强力加温器和几无阻力的特点,用于创伤及快速大量输液的情况。

24. 目前体温监测系统有哪些新技术应用?

随着科技发展许多新的技术逐步应用于体温监测、数据传递等方面并形成相对完善的系统。如基于蓝牙、公用频段无线通信协议、wifi 技术、电力线通信等方面的数据传输技术,可以在重症病房、传染病房等场景实现实时连续的体温监测。

(赵利军)

参考文献

[1] 邓小民,曾因明.米勒麻醉学(第7版)[M].北京:北京大学医学出版社,2011.
[2] 连庆泉,贾晋太,朱涛,等.麻醉设备学(第4版)[M].北京:人民卫生出版社,2016.
[3] 杭燕南,王祥瑞,薛张纲,等.当代麻醉学(第2版)[M].上海:上海科学技术出版社,2013.
[4] 曹芳,刘少星,谢科宇,等.无创体温监测系统在围手术期中的应用研究进展[J].中国医学装备,2021,18(08):202-206.
[5] 李佳,李万军,顾俊杰,等.基于蓝牙低功耗技术的体温监测系统的设计[J].北华航天工业学院学报,2020,30(06):13-16.

第十六章

除 颤 设 备

1. 什么是除颤仪?

除颤仪(defibrillator)是一种常见的医疗急救设备,是医院大部分科室及事故抢救现场必不可少的急救设备之一。主要是利用脉冲电流通过心脏来消除心律失常、使心脏恢复窦性心律的一种医疗设备,具有操作简便、安全性能较高、起效快等优点。对于挽救危重患者的生命有着重要的意义。

2. 除颤仪是如何工作的?

除颤仪利用电压变换器将低压电流转换成脉冲高压,整流后在电容中储存。除颤时,高压继电器会通过连接在胸壁的电极板发放高能量、短时限的脉冲电流,使心肌纤维全部除极,然后同时复极,从而逆转异常心律,恢复正常窦性心律。

3. 除颤仪包括哪些结构?

除颤仪的结构主要包括了蓄电组件、放电组件、能量显示器、心电监护仪、控制系统五个部分。打开除颤仪开关,所有电路会在瞬间完成自检并复位于准备状态,此时通过控制面板选择模式,对储存电容器进行蓄电,当能量到预设等级时蓄电装置停止蓄电,并通过放电组件将能量向心脏释放。需要同步除颤时,会通过与心电监护仪同步,使得高电压脉冲正好于 R 波的下降部进行释放。

4. 除颤仪的适应证和禁忌证?

除颤仪的适应证包括心搏骤停、室颤、室扑、阵发性室上速、预激综合征伴室上速、1∶1 传导的房扑及慢性房颤等。

除颤仪的禁忌证包括慢性心律失常、病窦综合征、洋地黄过量引起的心律失常,伴有高度或完全性房室传导阻滞的房颤、房扑、房速,严重低钾血症,左心房巨大,房颤持续1年以上且心室率缓慢的患者。

5. 除颤仪分为哪几类?

根据电极放电时间不同,分为同步型除颤仪和非同步型除颤仪。非同步型除颤仪是指除颤时与患者自身的R波不同步,可用于心室颤动和扑动。操作者可自行决定放电脉冲的时间。同步型除颤仪是指与患者自身的R波同步,可以用于除室颤和室扑以外的所有快速性心律失常。根据电极位置不同可以分为体内和体外除颤仪。体外除颤仪根据使用方法可以分为手动、半自动和全自动除颤仪。还有特殊的植入性除颤器。

6. 单相波和双相波除颤仪如何选择?

单向波和双向波是除颤仪的2种不同工作方式。单向波电除颤只发出一次电流,身体的电阻决定电流流经身体的时间,使用单向电流除颤时所需能量较大(360 J)。双向波电除颤发出2次电流,第二次与第一次反向,也能控制电流通过时间,除颤时所需能量较小(150～200 J)。双向波电除颤广泛应用于现代AED和除颤器。在低能量除颤时,双相波除颤比单相波除颤更有效。

7. 如何调节除颤仪的参数及摆放电极?

非同步模式:单相波200～360 J,双向波150～200 J,儿童首次2 J/kg,后续4 J/kg。成人3～5 J/kg。同步电复律:室速150～200 J,房颤150～200 J,房扑50～100 J,室上速100～150 J。室颤选用250～300 J非同步电复律。电极摆放必须保证心脏尤其是心室位于电流路径中心,使得电流能够途经心脏,标准的电极摆放一个位于胸骨体上右缘及锁骨下,一个位于乳头左侧腋中线上,避免两电极间胸壁有导电物质,防止电流从胸壁表面经过没有到达心脏。

8. 除颤仪常见故障有哪些?

除颤仪常见故障主要有电源、除颤单元、监视器或记录器、信号处理运算单元、电磁干扰等问题。

9. 除颤仪如何日常维护?

日常维护需要保证仪器的完整齐全和干净整洁,需定时检查仪器正常性,保持导线无创伤或磨损、打折,使用后用微湿软布和消毒液清洗导连线、电极板。注意保护屏幕,严禁将除颤仪的任何一部分浸入液体中,每次使用除颤仪后需对手柄进行清洁,以防积累的导电糊对心电监护信号有干扰,或者使操作者遇到意外电击。每日开机检测仪器性能,处于备用状态。

10. 除颤仪如何校准?

除颤仪校准的流程如下:① 检查外观,附件齐全,仪器标识清晰完整;② 一般功能正常性检查;③ 同步模式检测;④ AED可电击心律识别正确性检查;⑤ 充电时间检查;⑥ 除颤后心电输入信号的恢复;⑦ 按需经皮起搏的功能检查;⑧ 心电监护仪对充电或内部放电的抗干扰能力检查。

11. 除颤仪电源问题的表现及处理有哪些?

开机后主要功能无响应,监视器黑屏,不能除颤,不能记录等现象表明可能是除颤仪的电源出现问题了。电池充电不足或失效,或是电池控制部分有问题时,可使用交流电。可以采用替换法排除故障,把电池控制部分电路板拆下拿到另一台正常使用的机器上去,如机器不能正常使用,则可以证明是电池控制部分故障。

12. 除颤单元问题有什么表现?

除颤单位问题表现为监护功能、记录功能正常,但无法进行除颤,或除颤速度很慢。这种现象大多是因为高压充放电电路或高压电容故障所引起。充电电路故障多表现为电击正常,但充电速度慢;放电回路有问题多表现为可充电但不能施行电击。一般很少见到高压电容损坏的情况。

13. 什么表现提示监视器或记录器出现问题?

若监视器只显示一条直线,无 ECG 显示则提示监视器或者记录器出现问题。此时需要判断电极是否连接良好、ECG 设置是否恰当、导联线是否有断点破损,或是监视器本身电路有无故障。如果 ECG 既无显示,又无法记录波形,则可能是人为操作引起的,或是参数控制出现问题、或记录器本身故障;若 ECG 无显示但能记录波形,则提示显示器电路故障。

14. 什么表现提示信号处理运算单元有问题,如何处理?

在使用过程中遇到功能紊乱,按键不起作用,参数无法设置和改变等现象说明信号处理运算单元出现问题。信号处理运算单元多为中央控制单元出现故障,且一般多为硬件故障，无法维修，只能更换中央控制板。

15. 电磁干扰问题会有什么表现及简单处理方法是什么？

电磁干扰问题表现为屏幕显示波形紊乱，字符抖动等。除颤监护仪本身均已采用屏蔽措施，具有一定的抗干扰能力。但高频医疗设备、蜂窝电话、信息技术设备以及无线电/电视发射系统等有时还会对该设备的监护除颤功能造成影响。这时需要尽快屏蔽干扰的来源以保证设备的正常使用。

16. AED 是什么？

自动体外除颤器（automatic external defibrillator，AED）又称傻瓜电击器，是一种便携式的抢救设备，即使是非专业人员也能使用，其针对特定的心律失常给予电击除颤，使心脏骤停患者心脏恢复正常的节律而脱离危险。AED 强调了一种由现场目击者最早进行有效急救的观念。它不同于传统除颤器，可以自行分析发病者是否符合指征，需要电除颤，并且操作更加简便。

17. 怎样使用 AED？

将电极板插头插入自动体外除颤器主机插孔。开启 AED 后可依据图像和声音的提示进行操作。参考 AED 上的说明，在患者左侧乳头外侧和右侧胸部上方贴上电极片。按照语音提示操作 AED，等待 AED 分析心律，在此过程中避免接触患者，防止出现干扰。分析完毕后，AED 将会提示是否进行除颤，在保证周围人员远离患者的情况下，按下"放电"键除颤。每隔 2 分钟，AED 会再次进行分析是否需要电击，需要时再次按照上述流程进行。

18. Lucas 日常养护应该怎样进行常规清洁程序？

使用一块软布与含有温和清洁剂或消毒剂的温水清洁所有表面与带子，清洁剂或消毒剂可以为：70%异丙醇溶液、45%异丙醇与添加清洁剂、季铵化合物、10%漂白剂，遵循消毒剂厂商提供的使用说明。不可以将设备浸于液体中。如果液体进入机罩，将会导致设备受损。另外，在将 Lucas 装包之前，使其干燥。

19. Lucas 日常养护应该怎样进行常规检查呢？

每周以及在每次使用设备之后，进行下列操作：① 确保设备清洁。② 确保安装新吸盘。③ 确保连接患者固定带。④ 确定稳定带的两条支腿带缠绕支腿。

⑤ 向上拉动松放圈以确保爪形锁打开。⑥ 确保电池充满电。当 Lucas 处于"关闭"模式时,按静音。电池指示灯点亮,并显示电池充电状态。⑦ 按开/关使 Lucas 进行自检。确保调节 LED 点亮,但不发出警报或点亮警告 LED。⑧ 按开/关重新关闭 Lucas 电源。⑨ 确保外部电源线(可选配件)完好无损。

20. Lucas 胸外按压系统是什么?

Lucas 胸外按压系统利用气动原理,能够为患者提供自动胸外按压-减压 CPR。适用于对出现急性心脏骤停的成年患者进行胸外心脏按压,是通过提供美国心脏学会指南中推荐的胸外按压方法代替人工胸外按压的一种便携式工具。其旨在消除人工胸外按压所出现的问题,可提供一致的按压速度和深度,以及自主循环恢复(restoration of spontaneous circulation, ROSC)后不间断的按压,可为医患人员提供从现场至医院在实施抢救、转运过程中的自动胸外按压,提高患者复苏的成功率。

21. Lucas 胸外按压系统是怎么使用的?

发现有心跳骤停患者,首先应该立即人工心肺复苏,尽量确保不间断操作。同时打开 Lucas 电源,取出背板放于患者背部下方,将两边支腿连接背板,选择与人工心肺复苏相同按压点,调节吸盘挤压垫,使吸盘下边缘处于胸骨末端上方不远处。按下吸盘使得挤压垫刚好接触患者胸部。按暂停键锁定起始位置后按启用键开始胸外按压。注意在 Lucas 准备过程中,不要中止人工心肺复苏。

22. Lucas 有哪些不良反应及不足?

国际复苏联络委员会(international liaision committee on resuscitation, ILCOR)声明心肺复苏具有以下不良反应:"鉴于心脏骤停所致死亡,肋骨骨折与其他伤害属于常见并且可以接受的心肺复苏后果。在复苏之后,应当对所有患者进行重新评估,以确定是否出现与复苏相关的伤害。"除上述症状之外,在使用 Lucas 胸腔按压系统时存在以下不足:① 无人工心脏按压的简便、即时性。② 按压深度未达到心肺复苏指南中的按压深度。③ 患者年龄过小或过大时,不能使用。④ 仍可出现胸部青肿与疼痛等并发症。

23. Lucas 的适应证和禁忌证?

适应证:对心搏骤停和呼吸骤停的患者进行紧急抢救。

禁忌证：无法将 Lucas 安全放置在患者的胸部：如胸骨骨折者；或无法正确放置在患者的胸部；患者过小（在降低吸盘时 Lucas 发出 3 次快速警报信号，并且无法进入"暂停"模式或"启用"模式，如婴幼儿）；患者过大（不按压患者胸部就无法将 Lucas 的上装部分锁定至背板，如极度肥胖者）。

（陈婵）

参考文献

[1] 邱鹏,李庆.简述除颤监护仪的除颤原理[J].中国医疗设备,2010,25(11)：41-42.
[2] 黄键.除颤仪的常见故障及保养[J].医疗装备,2019,32(10)：125-126.
[3] 余雷霆,郭建荣.2009 年浙江省麻醉学学术会议汇编[C].中国浙江绍兴,2009.
[4] 秦克秀,赵勇,等.电除颤术在心肺复苏中应用进展[J].中外医疗,2010,29(12)：183-184.
[5] 董妮.除颤仪的使用及维护[J].电子测试,2013(22)：126-127.
[6] 周霞,赵达明.有关体外电复律的几个问题[J].临床军医杂志,2009,37(05)：929-931.
[7] 曹格文.心电除颤仪工作原理及日常维护探讨[J].电子制作,2012(11)：70.
[8] 国家质量监督检验检疫总局.心脏除颤仪和心脏除颤监护仪校准规范[M].JJF1149-2006.
[9] 王伟,张华伟.中国医学装备大会暨 2020 医学装备展览会[C].中国北京,2020.
[10] 林丽娟.救命神器 AED,"救"在身边[J].创伤与急诊电子杂志,2019,7(03)：162-164.
[11] 沈洪,赵世峰,等.《国际心肺复苏和心血管急救指南 2000》系列讲座(2) 自动体外除颤(AED)与除颤方法[J].中国危重病急救医学,2001(04)：253-257.
[12] 韩彩红.LUCAS(TM)系统胸外按压的效果观察[J].当代护士(中旬刊),2015(10)：119-120.
[13] 王琳,秦非.Lucas 心肺复苏机在抢救心脏骤停患者中应用的 Meta 分析[J].中国急救医学,2019,39(03)：242-247.
[14] 路明惠.几种常见机械心肺复苏仪及其临床应用现状[J].实用医药志,2016,33(08)：754-756.

第十七章

麻醉信息系统

1. 什么是麻醉评估系统？

麻醉评估系统是在医疗信息化背景下为满足全面高效地完成麻醉前评估而建立起来的系统，其功能可将分散于不同系统（包括 HIS、LIS、PACS 以及其他特殊检查报告系统等）的患者信息（术前病史、诊断、治疗、检验、影像学、心电图等资料）自动检索并导出，可对异常结果进行标识记录，分析其异常原因，供麻醉医师综合分析患者拟行手术及麻醉方式对生理的潜在影响，预测患者围术期不良事件的发生风险，快速制定麻醉方案。该系统功能还可包含与全院科室进行紧急会诊联络和特殊病情会诊。

2. 麻醉评估系统主要解决哪些临床需求？

主要解决以下需求：① 门诊（住院）麻醉前评估：一般情况、系统并发症、体格检查、辅助检查、麻醉风险评估、麻醉与镇痛计划；② 麻醉知情同意签署：术前诊断、麻醉与镇静镇痛计划、特殊药品与耗材使用、麻醉与镇静镇痛风险告知、患者或家属知情同意、麻醉医生签字确认；③ 多学科会诊：简要病情、会诊理由与目的、会诊诊断、会诊建议、注意事项。

3. 麻醉评估信息化的主要优势是什么？

麻醉评估信息化的主要优势包括：① 减轻麻醉医生书写医疗文书的压力；② 自动提取患者相关术前信息及对异常结果进行标识，节约麻醉医师翻阅查询时间，提高工作效率；③ 可避免麻醉医生遗漏患者重要的信息，制定更加科学的麻醉方案；④ 通过信息化技术引导患者预约，完成麻醉评估，提高工作效率，降低住院时间和住院费用。

4. 什么是手麻系统？

手术与麻醉信息管理系统简称手麻系统，是专为麻醉科和手术室开发的围术期临床信息管理系统。该系统覆盖了从提交手术申请、手术排程、人员安排、术前访视、术中记录、术后复苏、术后随访的全过程，可实时采集麻醉和监护设备的数据，实现术前、术中、术后全过程的信息化管理，为麻醉科、手术室提供全数字化的业务管理、临床管理、费用管理、材料管理等。

5. 手麻系统的主要模块有哪些？

手麻系统的主要模块可分为医疗模块和管理模块。医疗模块包括：① 手术排程、手术室管理模块；② 手术前麻醉评估模块；③ 术中麻醉监护模块；④ 术中诊疗记录（医嘱）模块；⑤ 术后总结及随访模块；⑥ 不良事件管理模块。管理模块包括：① 交接班；② 工作量配置；③ 教学管理；④ 数据挖掘。

6. 手麻系统中手术室管理模块的功能是什么？

① 手术预约管理功能；② 手术通知单管理功能；③ 手术患者管理功能；④ 手术间安排管理功能；⑤ 麻醉医生、手术医生、手术室护士人员管理功能；⑥ 手术室排班表；⑦ 手术药品、耗材及手术相关器械管理功能。

7. 手麻系统中术前麻醉评估模块的功能是什么？

① 术前患者病史和系统合并症回顾功能；② 术前病案资料导入功能；③ 美国麻醉医师协会（American Society of Aneshesiologists，ASA）分级麻醉风险评估功能；④ 既往手术中麻醉用药及麻醉方式查询功能；⑤ 既往治疗用药、实验室检查及医学影像资料查询功能；⑥ 麻醉方式确认功能；⑦ 麻醉、镇静镇痛知情同意书确认、医患签字功能。

8. 手麻系统中术中麻醉监护模块的功能是什么？

① 参数设定、医疗设备类型及型号选择功能；② 与麻醉设备对接、临床数据自动实时采集功能；③ 麻醉用药、麻醉事件、液体出、入量记录管理功能；④ 参数获取、趋势自动生成及分析功能；⑤ 术中参数列表，术中记录录入管理功能。

9. 手麻系统中术后总结模块的功能是什么？

① 麻醉用药登记功能；② 术后麻醉评估标准体系；③ 术后登记全面质量管理

功能；④ 术后镇痛信息记录功能；⑤ 手术麻醉后随访记录功能。

10. 手麻系统中系统设置及数据挖掘模块的功能是什么？

① 用户配置、权限及密码管理功能；② 既往手术麻醉记录数据查询功能；③ 手术室工作人员工作量评估功能；④ 与检验系统、影像系统对接，信息查询与共享功能；⑤ 用户设置各种医疗设备类型、型号功能；⑥ 储存、编辑、预览、打印、修改、删除功能；⑦ 数据加密、脱敏、导出功能。

11. 手麻系统主要包括哪些组成部分？

手麻系统主要包括手术申请预约系统、麻醉医生工作站、手术护理信息系统三大部分。该系统可通过与 HIS、EMR、PACS、LIS 等系统数据交互，实现患者资料、电子病历、检查报告、检验结果等信息的全面共享。

12. 如何应用手麻系统管理患者数据？

手麻系统可以实现对医疗相关数据的统计、检索和管理，使临床质量控制、科研、教学的原始数据真实、准确。面向科研，可以根据围术期文字、数据信息等内容进行精确或模糊检索，找到相关的手术信息进行分析，提高科研水平。面向教学，结合围手术期文字、数据和手术视频记录，回顾手术麻醉过程，比较分析麻醉效果等。面向科主任和护士长管理人员的流动、排班等，实现科室、麻醉医生、手术医生、护士的工作量统计，分析医护人员的工作量、收入和支出等。

13. 什么是术后随访系统？

术后随访系统是将术后访视功能和信息系统化，可以更快地获取患者的术后情况，便于及时处理术后相关问题，通过系统自动处理术后随访的数据，解放人力，提升工作效率。

14. 术后随访系统的功能是什么？

术后随访系统的功能包括：自动获取患者术后生命体征、实验室检查、影像学检查等数据；记录患者术后疼痛、恶心等症状体征信息；辅助诊断分析患者术后不良事件发生及其严重程度和转归。通过及时了解患者的相关状况，监测有无麻醉并发症，及时解决术后相关不适，解除患者对手术麻醉的相关疑虑，加速围术期康复，提高麻醉科与医院医疗质量。

15. 术后随访系统与传统随访的方式相比，有哪些优势？

术后随访系统与传统随访的方式相比，可提升随访效率，提高随访服务质量。术后随访系统通过信息化手段加强术后管理，通过系统数据可以查询相关信息，节约人力与成本。

16. 什么是麻醉科务管理系统？

麻醉科务管理系统是指为满足麻醉科人事、教学、设备、物资等管理需求而建立的信息系统，将麻醉科日常管理工作内容结构化和指标化，依据科室制度建立信息化管理流程，以开展数据化、信息化管理。麻醉科务管理系统可促使麻醉科工作有序、高效地进行，提高麻醉科的管理水平与核心竞争力。

17. 麻醉科务管理系统的内容有哪些？

麻醉科务管理系统的内容主要包括：麻醉科的工作安排、工作效率、麻醉质量控制、病历质量管理、请销假、信息分发与共享、教学与科研评价等。该系统具有排班功能，科室人员方便查看排班信息及时间表。此外，科室主任可随时查看各手术室的使用及手术麻醉情况，科室人员工作时长可通过绩效核算进而统计出科室人员工作量。

18. 如何应用麻醉科务系统提高科室运行效率？

利用信息管理系统进行临床麻醉质量控制，对系统中录入的患者信息和手术过程进行监控，对各项数值设置预警值，系统检测到异常数据或患者信息不符时会自动报警，并进一步利用以往工作数据统计来进行部分数据的量化控制，加入不良事件上报功能，采用信息化手段完成不良事件上报和资料储存，避免风险事件的进一步恶化。

（雷迁）

参考文献

［1］ 连庆泉，贾晋太，朱涛，等. 麻醉设备学（第 4 版）［M］. 北京：人民卫生出版社，2016.
［2］ Michael A Gropper, Neal H Cohen, Lars I Eriksson, et al. Miller's Anesthesia (9th Ed)［M］. Singapore: Elsevier Inc, 2019.
［3］ 邓小明，姚尚龙，于布为，等. 现代麻醉学（第 4 版）［M］. 北京：人民卫生出版社，2014.

第十八章

人 工 智 能

1. 人工智能的含义是什么?

人工智能属于计算机科学的一个分支,通过学习智能的实质,研发用于模拟、延伸和扩展人的智能的理论、方法、技术及应用系统。由人工智能生产出的机器可以做出类似人类智能的反应,该领域的研究包括机器人、语言识别、图像识别、自然语言处理和专家系统等。

2. 人工智能应用程序与传统应用程序有何不同?

传统应用程序通过程序化更改演变为其底层代码库,使用严格测试进行验证,并以可管理、可控制、可重复的方式单向部署到生产过程中。在以人工智能算法生产应用程序的过程中,应用程序可以基于现实世界数据进行自我学习和训练,并有反馈地回传学习成果至开发环境,实现逐步优化算法逻辑,而不需依赖单向的人为代码更改。传统应用程序的算法逻辑是人为设计的,人工智能应用程序可以自己学习算法逻辑。

3. 人工智能的核心技术是什么?

人工智能的核心技术包括计算机视觉、机器学习、自然语言处理、机器人和语音识别。计算机视觉是指计算机从图像中准确识别出物体类别、场景类型和活动的能力;机器学习指的是计算机依靠数据,通过自我学习来提升自身性能的能力;自然语言处理是指计算机能够像人类大脑般理解文本语义,处理文本信息;将机器视觉、自动规划等认知技术整合至极小却高性能的传感器、制动器以及设计巧妙的硬件中,就催生了新一代的机器人;语音识别主要是关注自动且准确地转录人类语音的技术。

4. 人工智能系统的技术架构是什么？

人工智能系统的技术构架由基础层、技术层和应用层构成。基础层由软硬件设施以及数据服务组成；技术层由基础框架、算法模型以及通用技术组成。基础框架主要指分布式存储和分布式计算；算法模型分为机器学习、深度学习以及强化学习；通用技术有自然语言处理、智能语言、计算机视觉等。应用层包括应用平台和智能产品，应用平台主要是各种智能操作系统，智能产品包括像人脸识别、智能客服、无人驾驶等运用了人工智能技术的设施设备。

5. 什么是机器学习，有哪些类型？

机器学习是人工智能技术的核心，主要研究如何让计算机通过模拟和实现人的学习来实现自我学习，自动获得新的知识和技能，通过不断学习来更新原来的知识结构，改善自身性能。机器学习涉及众多学科，包括统计学、系统辨识、逼近理论、神经网络、优化理论、计算机科学、脑科学等。根据学习模式可以将机器学习分为监督学习、无监督学习和强化学习；根据学习方法可以将机器学习分为传统机器学习和深度学习。

6. 什么是深度学习，有哪些类型？

深度学习又称为深度神经网络，是机器学习研究中的一个新兴领域，是一种建立深层结构模型的学习方法（层数超过 3 层的神经网络）。深度学习是学习样本数据的内在规律和表示层次，它的最终目标是让机器能够像人一样具有分析学习能力。深度学习算法的典型类型包括深度置信网络、卷积神经网络、受限玻尔兹曼机和循环神经网络等。

7. 什么是自然语言处理？

自然语言处理指让计算机准确识别和理解自然语言，并能够通过自然语言与人进行有效通信的各种理论和方法，是计算机科学领域与人工智能领域中的一个重要方向，其涉及的领域主要包括机器翻译、语义理解和问答系统等。机器翻译是指利用计算机技术实现从一种自然语言到另外一种自然语言的翻译；语义理解是指利用计算机技术实现对文本篇章的理解，并且回答与篇章相关的问题；问答系统是指让计算机能够像人类一样用自然语言与人交流。

8. 什么是计算机视觉,在麻醉领域有何应用?

计算机视觉是通过模仿人类视觉系统,让计算机拥有人类般提取、处理、理解和分析图像以及图像序列的能力。医疗成像分析常被用来提高疾病预测、诊断和治疗。在麻醉领域,应用计算机视觉可以自动识别超声图像,帮助医生准确判断穿刺针到达的组织部位,使穿刺针能够准确到达靶部位,提升穿刺操作成功率,避免损伤其他重要结构。

9. 人工智能可以为麻醉做些什么?

① 通过脑电波形、心率、血压等多项指标准确监测麻醉深度;② 预测术中及术后不良事件风险,实现早期预防,避免不良事件的发生;③ 实现术中自动给药和控制机械通气,将患者的麻醉深度、血压等控制在稳定水平;④ 识别超声图像中的组织部位,辅助穿刺操作;⑤ 通过 MRI 图像、脑电图等,应用客观指标准确预测患者的疼痛阈值,计算个体化患者自控镇痛用药量,实现良好的疼痛控制;⑥ 预测手术时间,优化手术室管理。

10. 人工智能在麻醉领域的应用局限性是什么?

术中及术后的不良事件风险评估工具虽然预测准确性较高,但很少能给出确切的可干预风险因素,难以对制定围术期诊疗措施给出具体指导;虽然大数据有助于提升预测精度,但也容易产生数据噪声,模型不一定能学到真正重要的风险因素,限制了模型的临床应用;预测模型的可推广性和迁移性还有待进一步提升。

11. 开展人工智能研究需要什么条件?

定义清晰的需要人工智能解决的问题;运行人工智能算法必备的计算机设备等资源;全面收集的质量较高、数量足够的临床数据;人工智能领域科学家的技术支持。

12. 人工智能研究需要注意什么?

人工智能应用需要以海量的个人信息数据作支撑,不可避免会涉及个人隐私保护这一重要伦理问题,因此需要在符合伦理规范的前提下对其进行正当应用;人工智能方法建立起来的预测模型虽然预测准确度高,但重要变量与不良结局之间并不存在确定的因果关系,应注意正确进行临床解读。

13. 智能麻醉机器人如何构建？

智能麻醉机器人具体的构建思路是：整合麻醉机外围设备，内置于麻醉机系统内，并通过有线或无线方式连接；以麻醉深度监测为轴心，将患者的术前基础医疗数据信息及术中生命体征变化等数据信息整合到一起，共同输入麻醉机的中心控制系统；通过类似人脑的电脑分析，将最终的输出信息传递给执行单位，由此实现麻醉深度监测、自动分析、反馈调控的闭环麻醉控制。

14. 知识图谱是什么，有何临床应用价值？

知识图谱是一种由节点和边组成的图数据结构，通过符号形式描述物理世界中的概念及其相互关系。其本质上是结构化的语义知识库，基本组成单位是"实体—关系—实体"三元组，以及实体及其相关"属性—值"对。不同实体之间通过关系相互联结，构成网状的知识结构。通过存储、梳理大量医学文献及临床信息，我们可以构建特定的面向诊断或是药物开发等不同方向的医学知识图谱，实现快速、准确的临床诊断，或是更快地找到治疗特殊疾病的药品。

15. 如何构建知识图谱？

知识图谱的构建是一个迭代更新的过程，每一轮迭代包括 3 个阶段：信息抽取，从数据源中提取出实体、属性以及实体间的相互关系，在此基础上形成本体化的知识表达；知识融合，对新知识进行整合，消除矛盾和歧义；知识加工，对经过融合的新知识进行质量评估，将合格的部分加入知识库中，确保知识库的质量。

16. 什么是数据挖掘？

数据挖掘一般是指从大量的数据中自动搜索隐藏于其中的有着特殊关系性的信息的过程。从统计学的角度看，它是经由计算机在海量的复杂数据集上自动进行探索性分析。

17. 如何开展数据挖掘？

数据挖掘的主要步骤包括数据准备、规律寻找和规律表示。数据准备是从相关的数据源中选取需要的数据，并整合成可用于数据挖掘的数据集；规律寻找是用合适的方法探寻数据集的规律；规律表示是将寻找出的规律以用户易于理解的方式表示出来。数据挖掘主要涉及的方法包括统计、在线分析处理、情报检索、机器学习、专家系统和模式识别。

18. 什么是联邦学习？

联邦学习指多个客户端在一个中央服务器下协作式地训练模型的机器学习设置，该设置同时保证训练数据去中心化。联邦学习使用局部数据收集和最小化的原则，能够降低使用传统中心化机器学习和数据科学方法带来的一些系统性隐私风险和成本。

19. 什么是迁移学习？

迁移学习是指当在特定领域无法获取足够多的数据供模型训练时，利用基于另一领域数据进行模型训练所获得的关系，来实现在该领域进行建模的学习。迁移学习可以通过把已训练好的模型参数迁移到新的模型来指导新模型训练，从而更有效地学习底层规则，降低模型对数据量的依赖性。

20. 机器学习构建风险评估模型有何优势？

① 机器学习对于非线性分类问题具有较强的处理和分析能力，基于机器学习探寻合适的风险评估算法，建立预测模型，通常能够达到理想的精确度和适用性；② 机器学习能够很好地处理数据不平衡的问题，在阳性结局占比很小的情况下，提升对阳性结局的识别与预测能力；③ 机器学习能够处理结构化数据、非结构化数据等多种数据类型，使得医疗信息得以充分利用；④ 机器学习能够处理海量数据，数据量越大，越有利于提升评估模型的预测准确性。

21. 机器学习构建风险评估模型有何劣势？

① 对数据集的依赖性较强，在建模数据集上预测性能很好的模型，在其他数据集上有时不能获得同等的预测能力；② 一些无风险事件可能实际上存在潜在风险，是因为在之前的评估中已经被察觉风险较高，采取了合适的预防措施而被修正，转变成为无风险事件。机器学习无法识别这种被修正的无风险事件，会导致风险事件的遗漏，影响学习结果；③ 可解释性较差，重要变量和结局之间不能判定存在确定的因果关系。

22. 什么是"云边协同"，在麻醉领域有何应用价值？

"云边协同"是通过在靠近数据终端的网络边缘侧增设边缘服务器，利用云计算和边缘计算的协同优势，实现统一调度和实时性要求。麻醉手术过程中，实时记录的生命体征、用药等信息联合患者的术前信息，会产生大量数据，要真正地从所收集的数据中获益,实时分析必不可少。能够独立分析术前、术中数据的计算机设备可以立即提供必要的响应,实现实时预警和预测,降低预测的延时性。同时将分析后的数据上传到云端再次分析,记录患者的情况,辅助术后治疗。

(张伟义)

参考文献

［1］ 袁晓东.数据中心高压配电机房巡检机器人应用及能源互联网解决方案.电信技术,2019(12):5.
［2］ 王灼志.人工智能环境下高校图书馆咨询知识库建设研究[D].湘潭:湘潭大学,2020.
［3］ 中国电子技术标准化研究院.人工智能标准化白皮书(2019版),2019.
［4］ Pesteie M, Lessoway V, Abolmaesumi P, et al. Automatic localization of the needle target for ultrasound-guided epidural injections[J]. IEEE Trans Med Imaging, 2018, 37(1): 81-92.
［5］ 司羽飞,谭阳红,汪沨,等.面向电力物联网的云边协同结构模型[J].中国电机工程学报,2020.

第十九章

疼痛诊疗设备

1. 臭氧的理化性质是什么?

臭氧是一种淡蓝色气体,在特定浓度下可闻及刺激性酸味,液体状态下呈暗蓝色。臭氧(O_3)是氧气(O_2)的同素异形体,具有极强的氧化性,可利用其强氧化性进行脱色、除臭、杀菌、消毒等。臭氧极不稳定,可分解产生氧气,因而环保无污染。

2. 臭氧治疗的作用机制是什么?

臭氧治疗的临床作用机制包括:① 强氧化作用;② 镇痛作用;③ 抗炎作用;④ 提高免疫力;⑤ 分解产生氧气,向组织供氧。

3. 臭氧治疗仪的临床应用有哪些方面?

臭氧治疗仪利用其强氧化、抗炎、镇痛等作用,目前在临床上主要应用于颈椎病、肩周炎、关节炎、腰椎间盘突出、股骨头坏死、强直性脊柱炎、痛风及骨科相关疼痛疾病的治疗。

4. 什么是医用臭氧治疗仪?其结构部件由哪些组成?

医用臭氧治疗仪是利用臭氧发生器制取一定浓度的臭氧,并输出后作用于患处达到治疗目的的仪器设备。主要由纯氧供给系统、臭氧产生系统、浓度检测控制系统、残余臭氧催化分解系统、风机冷却系统等组成。

5. 臭氧治疗仪的臭氧产生系统由哪些部分组成?

臭氧治疗仪的臭氧产生系统主要由臭氧产生器、中频高压电源、风机冷却部分等组成。

6. 按臭氧产生的方式划分,臭氧产生器可分为哪几种?

目前的臭氧产生器主要有 3 种:① 高压放电式,通过制造高压电场,使场内及周围的氧分子经电化学反应产生臭氧的一种发生器。② 紫外线照射式,使用波长为 185 mm 的紫外线照射氧分子,使其分解而产生臭氧的一种发生器。③ 电解式,利用纯净水的电解反应产生臭氧的一种发生器。

7. 目前医用臭氧治疗仪采用的是哪种臭氧产生器? 其产生机制是什么?

间隙高压放电式产生器产生臭氧是目前医用臭氧治疗仪常用的发生器。臭氧产生机制为将干燥纯氧气体输入高压电晕放电区,高速电子与氧气强烈碰撞使其分解为氧原子。同时,高速电子储存的动能可将氧原子通过三体碰撞反应生成臭氧。

8. 臭氧治疗仪的臭氧产生器的主要构件包括哪些?

臭氧产生器的主要构件包括内电极、介电层、放电间隙、外电极等。

9. 臭氧治疗仪的臭氧产生器产生臭氧的浓度由哪些参数决定?

臭氧的浓度由以下参数决定:① 臭氧浓度随着电压的增大而升高,但不呈线性比例的形式升高。② 电极间隙对产生的臭氧浓度有很大影响,间隙越小,臭氧浓度越大。③ 当氧气流量增加时,臭氧浓度降低,产量增加,但当流量增加到一定数值时,臭氧浓度及产量随气流量的变化较小。

10. 臭氧治疗仪的浓度检测控制系统具备哪些功能? 检测方法有哪些?

臭氧治疗仪的浓度检测控制系统可检测臭氧浓度和进行浓度设定,同时具有压力、温度参数补偿功能。检测方法有:化学法、紫外线吸收法和电化学法等。

11. 臭氧治疗仪如何用碘量法测定臭氧浓度?

利用还原剂与有色碘离子反应消耗的量来间接测定臭氧浓度的方法称为碘量法。臭氧具有强氧化性,可将碘化钾溶液中的碘离子氧化生成游离碘,游离碘在水中的颜色与浓度高低有关。

12. 臭氧治疗仪如何用比色法测定臭氧浓度?

臭氧与不同化学试剂的显色或脱色反应程度不同,可利用此特性来确定臭氧浓度。通过对比检测样品显色液与标准色管的颜色，来确定样品中臭氧浓度值的检测方法称为比色法。

13. 臭氧治疗仪如何用电化学法测定臭氧浓度？

水中臭氧通过电化学还原作用可产生电流，而电流特性曲线与溶液中分子臭氧的浓度成正比，通过电流曲线与浓度的关系曲线图计算臭氧浓度的方法称为电化学法。

14. 臭氧治疗仪的声光报警系统应具备哪些报警功能？

臭氧治疗仪的声光报警系统应具备温度超限报警、压力超限报警、冷却风机故障报警、浓度传感器故障报警等功能。

15. 臭氧治疗仪的工作环境具体要求有哪些？

臭氧治疗仪的工作环境要求：① 严禁置于阳光直射下或相对湿度过高的地方。② 严禁安置于靠近热源或温度过低的环境，建议存放温度为 $-10 \sim 60 ℃$。③ 确保设备的通风口通畅，不被覆盖。④ 电路电线勿乱堆或缠绕。⑤ 臭氧治疗仪为可移动性固定装置，应按照规定安装连接。⑥ 勿在有易燃易爆物堆积的房间使用。⑦ 使用臭氧治疗仪时，勿靠近其他高频装置。⑧ 建议臭氧治疗仪的使用温度 $10 \sim 40 ℃$。

16. 什么是射频热凝技术？

通过射频仪发出超高频无线电流，特定穿刺针精确引导定位，使局部组织内离子摩擦生热产生高温，达到热凝固、切割或神经调节作用，从而治疗疾病的技术称为射频热凝技术。

17. 射频热凝技术的临床应用有哪些方面？

射频热凝技术的临床应用包括：① 多种顽固性疼痛，神经干、神经节和外周神经的毁损或调节治疗。② 靶点射频治疗椎间盘突出症。③ 缓解多种关节痛，如肩关节、骶髂关节、关节突关节。④ 缓解多种顽固的慢性软组织疼痛，如肌筋膜疼痛综合征等。

18. 射频热凝技术治疗疼痛的作用机制是什么？

射频热凝技术治疗疼痛的机制：射频仪通过电极向体内发送中高频射频电流，此电流在置于患处的工作电极尖端与置于其他部位的弥散电极之间通过身体组织构成回路。射频电流通过组织，产生不断变化的电场，使靶点组织内离子运动摩擦产热，热凝毁损靶点区域组织、神经。在保留触觉纤维传入功能和运动神经纤维传导功能的前提下，选择性毁损痛觉神经纤维传入支，阻断疼痛信号向上位神经传导，使之无法传入大脑产生痛觉，从而达到控制疼痛的目的。

19. 疼痛治疗的射频仪器专门设置有神经刺激功能的目的是什么？

设置有神经刺激功能的目的：发现并准确定位感觉及运动神经，通过射频电流阻断或调节神经功能，以解除疼痛。这种物理性神经热凝技术可控制热凝灶的温度及操作靶点范围，在减轻或消除疼痛的同时，保持本体感觉、触觉和运动功能正常。

20. 什么是射频的热效应？

射频仪通过电极向体内发送高频射频电流，此电流在置于患处的工作电极尖端与置于其他部位的弥散电极之间通过身体组织构成回路。在高频交流电场作用下，体液中的离子沿电场方向快速移动，各离子的大小、质量、电荷及移动速度不同，相互摩擦并与其他微粒碰撞而产生的生物热作用称为热效应。

21. 疼痛射频热凝治疗仪的基本结构包括什么？

疼痛射频热凝治疗仪的基本结构主要包括射频发生系统、监测控制系统、射频热凝电极套管针及体表电极等部分。

22. 什么是射频？

交变电流通过导体，导体周围会形成交替变化的电磁场，称为电磁波。高频率的电磁振荡时，产生的电磁波无须介质地向周围空间传播能量，把这种高频电磁波称为射频。

23. 什么是射频治疗仪的监测控制系统？其作用是什么？

可根据组织的阻抗、温度等参数的变化，自动调节射频电流的输出功率和时间的系统称为监测控制系统。其作用是通过设置系统参数，调节发出的电流量大小与时间,控制针尖加热的温度与持续时间,以达到适合的热凝面积。

24. 射频热凝治疗模式分为哪几种?

依据射频发生器产生的传导电流的作用方式不同,目前射频治疗模式主要有4种:① 标准射频模式;② 脉冲射频模式;③ 双极射频模式;④ 椎间盘温控毁损模式。

25. 什么是射频热凝的标准射频模式?温度如何把控?

射频热凝的标准射频模式是一种连续的、低强度的能量输出模式。靶点作用以针尖裸露的侧方平行走向的为主。治疗区域温度超过 60℃ 可破坏传导痛温觉的神经纤维,高于 85℃ 则无选择地破坏所有神经纤维。可根据治疗目的选择合适的射频温度。

26. 什么是射频热凝的脉冲射频模式?其优点是什么?

射频仪以间断的、高强度的输出能量的应用模式称为脉冲射频模式。

优点是对禁忌进行热凝毁损的顽固神经性疼痛患者,运用脉冲射频治疗可取得良好的镇痛效果且不出现神经毁损效应,术后无感觉减退或异常,不会损伤运动神经。

27. 什么是射频热凝的双极射频模式?适应证是什么?

射频热凝的双极射频模式是指电流同时在两单极射频针间(距离 4～6 mm)加热,90℃ 热凝 120～150 秒可产生一个比单极射频毁损范围更大的带状毁损区域。其中一极作为射频电极,另一极作为电极板,两电极的距离不超过射频 5 倍。其适应证是用于骶髂关节痛的治疗。

28. 什么是射频热凝的椎间盘温控毁损模式?

射频热凝的椎间盘温控毁损模式是指利用射频针上的双极回路产生射频热能,使椎间盘髓核的胶原蛋白变性后体积缩小,从而减小椎间孔压力或封闭纤维环裂缝,以缓解疼痛的治疗模式。

29. 目前有哪些新型的射频治疗模式?

近年来许多新的射频治疗模式不断涌现,如单极、双极水冷射频,单极、双极手动脉冲射频,四针射频等,都取得了很好的疗效。

30. 射频治疗技术中常用的参数包括哪些?

射频治疗技术中常用的参数包括:针尖温度(℃)、射频时间(s)、脉冲频率(Hz)、输出电压(V)和脉冲宽度(每次发出射频电流的持续时间,ms)。

31. 什么是射频热凝靶点治疗?

射频热凝靶点治疗是指在 C 型 X 线机下准确定位,数字减影下实时监测,导航系统的精确引导下直接把突出的病变部位髓核变性、凝固,收缩减小体积,解除压迫。

32. 射频仪的电阻抗组织定位测量的作用是什么?

射频仪的电阻抗组织定位测量能精确分辨出针尖所在位置的组织类型,根据测量的阻抗值(测量范围为 0~2 000 Ω),分辨出髓核、纤维环、钙化点、骨质及血管等结构。使治疗靶向无误、安全可控。

33. 什么是射频仪的温度可控性?

射频仪的温度可控性是指热凝温度在 35~95℃ 内可随意调节,测温精度为 ±2℃,以确保在精确温度治疗时的安全,最大程度降低感染和热损伤的风险。

34. 射频热凝治疗仪正确使用的操作流程是什么?

操作流程:① 安装连接射频治疗仪。② 在 C 型 X 线机等影像设备引导下穿刺,将电极套管针置于治疗部位,取出衬芯,插入热凝电极。③ 用阻抗监测定位功能确定电极所在组织类型。④ 用电刺激神经定位测量功能精确分辨出电极所在位置与运动神经和感觉神经的距离。⑤ 设置热凝温度参数进行调试治疗,再次判断电极位置,设定时间参数开始热凝治疗。⑥ 治疗结束后,待射频热凝电极套管针冷却后拔出。

35. 射频治疗技术应用的原则有哪些?

应用原则:① 诊断明确,明确是某神经支配区域的疼痛。② 慢性疼痛经保守治疗或药物治疗疗效欠佳或不良反应无法耐受者。③ 中、重度疼痛影响患者日常生活或工作,甚至产生精神异常者。④ 诊断性神经阻滞有效。⑤ 准确预判毁损的温度和范围,在治疗过程中根据病情加以选择和控制。⑥ 应在电刺激和电阻监测下准确定位神经。⑦ 疼痛复发时可反复射频治疗。

36. 射频治疗时,应严格控制哪些参数?

射频治疗时,应严格控制的参数包括:① 温度:脉冲射频温度为 42℃。② 治疗时间:标准射频一般每个周期 60~90 秒,实施 2~3 个周期,脉冲射频持续 6 分钟效果更佳。③ 电极大小及形状:作用范围的大小取决于电极裸露端的厚度和长度。④ 组织特性:可根据组织电阻大小判定电极所在位置。⑤ 测试:在治疗前须进行感觉及运动测试,判断射频针与神经的相对位置。

37. 射频治疗软组织疼痛的原理是什么?射频参数如何选择?

射频治疗软组织疼痛的原理是射频治疗可在组织产生高温,治疗范围内的蛋白凝固细胞毁损。射频针到达软组织的相应治疗点,可以产生分离组织粘连、松解挛缩和促进局部组织血流供应的作用。

标准射频参数一般选择温度 50~80℃,工作时间 80~120 秒。脉冲射频治疗时参数一般选择温度 42℃,工作时间 120~900 秒。

38. 常见的射频治疗的并发症有哪些?

常见的射频治疗并发症包括神经损伤、血管损伤和出血、低血压、感染、皮肤烧伤等。

39. 什么是椎间孔镜技术?

在 C 型 X 线机或 CT 引导下,医用内窥镜经侧路或后路,在椎间孔安全三角区打磨小关节突,突破纤维环进入椎间孔建立一个摘取髓核的工作通道。可在内镜直视下,摘除突出组织、去除骨质、射频电极修复破损纤维环,从而达到治疗椎间盘突出的一项技术称为椎间孔镜技术。

40. 椎间孔镜技术的优势有哪些?

相对椎间盘开放性手术而言,创伤更小、疼痛减少、康复更快、术后并发症更少、远期临床疗效更确切。相对传统保守疗法或其他激光微创治疗方法而言、椎间孔镜技术的治疗更有效直接,适应证更加广泛。

41. 椎间孔镜技术的组成系统主要包括哪些?

椎间孔镜技术的组成系统：① 椎间孔镜主镜；② 内镜图像显示系统；③ LED 冷光源；④ 冲洗系统；⑤ 手术器械；⑥ 辅助治疗设备。

（苏永维）

参考文献

［1］ 连庆泉.麻醉设备学(第4版).北京：人民卫生出版社,2006.
［2］ 郭政,王国年.疼痛诊疗学(第4版).北京：人民卫生出版社,2016.
［3］ 卢振和,高崇荣,宋文阁.射频镇痛治疗学.河南科学技术出版社,2008.
［4］ 苗得成,李亚伟.经皮椎间孔镜和可动式椎间盘镜技术在游离型腰椎间盘突出症治疗中应用价值比较[J].中国临床医生杂志,2022,50(02)：204-207.
［5］ 李庆祥,王燕申主译.臭氧治疗学.北京：北京大学医学出版社,2006.

第二十章

医疗器械安全管理

1. 医疗器械的定义？

医疗器械（medical device）是指可以对疾病、损伤或残疾进行诊断、治疗、监护等，单独或者组合使用于人体的仪器、设备、器具、材料，包括所需要软件的总称。

2. 医疗器械安全风险分类？

国家药监局根据医疗器械不同的安全风险级别将医疗器械分为 3 类。第一类（低风险医疗器械）：安全风险级别最低，常规控制即可保障其安全性、有效性；第二类（中风险医疗器械）：安全风险级别中等，可通过特殊控制保障其安全性、有效性；第三类（高风险医疗器械）：安全风险级别最高，植入人体用于支持、维持生命，或对人体具有较高潜在危险，必须严格控制安全性、有效性。

3. 什么是有源医疗器械？

有源医疗器械是指需要使用电、气等驱动来发挥其功能的医疗器械。

4. 我国医疗器械使用安全的主要法律法规主要有哪些？

为了加强医疗器械临床使用安全管理工作，降低临床使用风险，提高医疗质量，各个国家均采取不同形式的立法来实施医疗器械的安全管理。目前，我国关于医疗器械使用安全的主要法律法规有：《医疗器械监督管理条例》《医疗器械临床使用安全管理规范（试行）》等。

5. 医疗器械管理制度应包括哪些方面？

医疗器械管理制度应包括临床使用前的验收、日常维护/维修、医疗器械安全与性能状态标识管理、临床使用部门管理、人员培训考核、医疗器械安全与质量评价、医疗器械医疗损害事件报告与处理、抢救和生命支持医疗器械紧急调配、医疗器械处置管理等制度。

6. 医疗器械安全性的三层含义？

安全性是一个系统概念，包括绝对安全、有条件安全和记述安全三层含义。① 绝对安全是指仪器内部设置有保护装置，能最大限度地减少对外界产生的危害和受外界干扰。② 有条件安全是指在技术上或经济上难以解决，可在使用环境中通过增设保护装置来保护，如穿 X 线防护服。③ 记述安全是指当不能通过有条件安全来实现时，应把确保安全的条件标示出来，使用者可以看见，并要求使用者必须遵守。

7. 医疗器械在临床使用过程中常见的风险因素有哪些？

医疗器械在临床使用过程中存在以下风险因素：① 医疗器械出现故障时，对患者或使用者造成的直接伤害；② 医疗器械的电气安全问题造成的人员伤害；③ 有放射源或其他形式电离辐射的医疗器械，由于防护不当造成的人员伤害；④ 多种医疗设备的组合使用，相互影响，降低了设备的安全性和有效性，引起的安全问题；⑤ 因化学有害物质、机械、光学、噪声等环境污染出现的安全问题；⑥ 因病处于昏迷、麻醉状态或不能活动的患者，由于对医疗器械构成的对自身的危险无正常反应，而造成的伤害；⑦ 由于操作不当或超范围临床应用造成的人员伤害。

8. 医疗器械安全事件报告与处理制度应包括哪些内容？

医疗器械安全事件报告与处理制度包括：① 报告程序；② 安全事件程度的界定、紧急处理措施；③ 信息的记录包括医疗器械名称、编号及相关信息，使用部门及人员、患者姓名、病历号及相关信息、发生时间、医疗损害安全事件情节、安全事件可能原因分析、已采取的处置措施与手段等；④ 安全事件分析论证的程序、结果与整改措施；⑤ 相关责任部门与人员整改措施的落实与追责。

9. 常用麻醉设备安全管理类别？

麻醉呼吸设备及附件、有创电生理仪器、人工心肺机、血液回收机等，属于第三类（高风险医疗器械）；无创多参数监护仪（如心电监护、血氧饱和度监测）、麻醉气体监测仪、输液泵、气管插管、螺纹管、呼吸球囊等，属于第二类（中风险医疗器械）。

10. 什么是医疗器械不良事件？

医疗器械不良事件是指已获准上市的质量合格的医疗器械,在正常使用时发生的,导致或可能导致人体伤害的各种有害事件。与一般医疗器械故障不同,它特指可能对人员造成伤害的状况。

11. 医疗器械使用过程中出现紧急故障时,应急预案应包括哪些方面？

医疗器械在使用过程中出现紧急故障时,应急预案应包括:① 设置紧急安全开关;② 应对临时性供电中断的后备电源或其他动力源;③ 应急调配流程;④ 建立应急保障模式,配置和调用备用装置;⑤ 对患者采取的安全措施,包括各种急救、手术、生命支持类医疗器械条目。

12. 医疗器械使用环境的监测和安全防护包括哪些方面？

为了确保医疗器械临床使用人员、病员患者及周边环境的安全,应定期开展医疗器械使用环境的测试与评估,主要包括:① 对电离辐射、电磁辐射的监测和防护。对存在电离辐射的医疗器械,必须按要求进行机房设计和设备安装,在使用前由国家授权或指定的专门机构进行测试与评估;② 对供电系统、建筑设施、供气供水系统、温度、湿度的监测;③ 对光污染、气污染、声污染和污水处理等方面的监测和防护;④ 防尘、防震、防腐蚀等。

13. 什么是医疗器械的电磁兼容性？

医疗器械的电磁兼容性(electro magnetic compatibility,EMC)是指医疗设备或系统,在其电磁环境中能正常工作且不对该环境中任何事物构成不能承受的电磁干扰的能力。对医疗器械执行电磁兼容性标准可以防止使用过程中,因受到电磁干扰或产生电磁干扰,使医疗设备失控/失效而对患者和(或)使用者产生的伤害。

14. 什么是医疗器械的应用质量检测？

医疗器械应用质量检测是指按计划、定期对使用中的医疗器械进行必要的技术性能测试,了解和掌握其目前的性能状况,保证应用质量和使用安全。医疗器械应用质量检测一般由医学工程部门或制造商的技术服务部门负责实施,需要配备专门的检测仪器。

15. 医疗器械的应用质量检测包括哪些方面？

医疗器械应用质量检测是保障医疗器械临床使用安全的重要手段，主要包括：① 验收检测：医疗器械到货安装后正式投入使用前所进行的相应测试；② 状态检测：医疗器械使用一段时间后对主要技术指标进行的全面测试；③ 稳定性检测：是对使用中的医疗器械目前的性能的变化相对于初始状态是否符合质量控制标准而进行的检测。

16. 什么是医疗器械的计量检定？

医疗器械的计量检定是指对使用中的医疗设备，其某些技术参数是否符合相应的计量标准或技术规范的要求，对其质量特性或其可用性而进行的检验或检查。

17. 什么是医疗设备的电气安全？

医疗设备的电气安全是指采取相应措施，避免由于医疗设备的自身缺陷或使用不当等因素引起的，对设备或使用人员造成的电损伤。在使用医疗电气设备时，应特别注意设备铭牌上的电气标记符号。

18. 电气事故的定义及常见分类？

电气事故是指由于电能失控造成的意外事件，常见分类有：① 触电（又称电击）：指电流流过人体时，电流转换成其他形式的能量作用于人体引起的伤害；② 雷击：指大气中蓄积正、负电荷能量形成瞬间放电而造成的事故；③ 静电：指空间或物件间积累的正、负电荷能量快速释放而造成的事故；④ 电磁辐射：是电磁波形式的能量失控而造成的事故；⑤ 电路故障：是电能在电气设备内部传递、分配、转换过程中失去控制造成的意外事件，如短路、漏电等。

19. 触电事故（电击）的分类？

电击主要分为 3 类：① 强电击：是高电压、大电流作用于人体造成的损伤，分为直接电击和间接电击。直接电击是指人触及正常带电体（如裸露的输电线）所发生的电击。间接电击是指设备或线路出现故障时，人触及异常带电体（如仪器外壳）所发生的电击；② 微电击：指极小的电流直接作用于心脏，导致室颤的触电事故；③ 电伤：是由电流产生生物学效应、热效应、化学效应和机械效应造成的机体伤害，如电烧伤、表皮灼伤坏死、触电者跌伤等。

20. 哪些因素可以决定电击伤害程度？

电击伤害的严重程度主要取决于以下 5 个因素：① 电压：电压越高越危险；② 电流强度：通过人体的电流越大越危险；③ 人体电阻：人体电阻越大，电击电流越小，伤害程度越轻；④ 人体电路：电击的危害与电流流过人体的通道有重要关系，若通道上有脑、心、肺等重要器官则非常危险；⑤ 通电时间：电击危害程度与电流的作用时间成正比。

21. 触电事故的常见原因？

触电事故的常见原因有：① 仪器漏电；② 仪器外壳未接地或接地不良；③ 电容耦合造成漏电；④ 非等电位接地；⑤ 供电系统故障；⑥ 皮肤电阻减小或消除，如涂导电膏、磨去角质层等。

22. 直接触电的防护措施？

直接触电的防护措施包括：绝缘、屏护、间距、安全电压。① 绝缘：用绝缘材料做仪器机壳，或将与人体接触的带电导体与仪器的金属外壳用绝缘层隔开；② 屏护：采用围栏、箱匣等方法将带电体与外界隔离；③ 间距：保证电气设备之间及带电物体与操作人员之间有一定的安全距离，防止操作人员接近或直接触及带电体；④ 安全电压：将电压限制在一定范围内，使通过人体的电流不超过允许电流。我国规定 36 V、24 V、12 V 和 6 V 为安全电压额定值。

23. 漏电保护是什么？

漏电保护是指当电网的漏电流超过某一设定值时，自动切断电源或发出报警信号的一种安全保护措施。漏电防护技术主要用于 1 000 V 以下的低压供电系统。漏电保护装置可以防止低压供电系统发生单相漏电事故，有些具有过载保护、欠电压及缺相保护等功能。

24. 手术室可采用的抗静电措施有哪些？

静电是自然界普遍存在的一种电现象，具有高电压、小电流，可以通过绝缘体表面放电等特点，可引起人体的电击感，甚至成为工作场所爆燃事故的诱因。手术室常采用的抗静电措施有：① 保证一定的空气湿度（40%～60%），防止静电积累；② 改善通风，避免易燃易爆气体聚集；③ 采用具有一定阻抗的导电地板，以利于静电入地。

25. 手术室不间断供电能力的要求是什么？

手术室作为医院内具有最高安全等级的用电部门，应设置应急电源以提供不间断供电能力，当主供电系统出现故障时能自动切换到应急电源。常见的应急电源包括备用市电供电线路、柴油发电机和蓄电池组。根据国际电工委员会（IEC）的标准，用电设备允许的电源切换时间分为 5 个等级，手术室一般设备属于Ⅱ级（切换时间不大于 15 秒）；手术灯和生命维持设备属于Ⅲ级（切换时间应不大于 0.5 秒）。

26. 麻醉设备保养的通用要求及常规保养内容包括些什么？

麻醉设备的保养一定要参照使用手册或维护手册的要求定期开展。一般的通用要求是：做好防尘、防潮、防蚀、定人保管、定期检查。常规的保养内容包括：外观状况检查、清洁、润滑、紧固、防蚀、通电调试、废液清除和数据备份。

27. 麻醉设备消毒的一般原则是什么？

麻醉设备消毒的一般原则包括：① 所有物品均可用环氧乙烷灭菌；② 耐高压、高温、耐湿的物品最好用高压蒸汽灭菌；③ 消毒物品应根据材质的不同选择合适的液体化学消毒剂浸泡消毒灭菌；④ 针对具体的设备及附件应采取何种消毒方法，应参照仪器的使用手册进行。

28. 麻醉机及通气配件的消毒方法？

① 呼吸管道及其附属连接管：经冲洗或超声波清洁，0.1% 含氯消毒剂或 0.25%～0.5% 碘伏浸泡消毒 30 分钟，无菌蒸馏水冲洗晾干，清洁保存；② 空气过滤网：刷洗清洁，应按照说明书定期更换滤菌膜；③ 雾化和湿化器：经刷洗清洁，戊二醛、0.1% 含氯消毒剂或 0.25%～0.5% 碘伏浸泡消毒 30 分钟，无菌蒸馏水冲净后晾干备用；④ 呼吸机内管道：刷洗清洁，风箱部件分解后，刷洗清洁组件后，应重新安装备用。

29. 监护仪配件的消毒？

① 血压计袖带：每周洗涤清洁一次，晾干后备用，若有污染，及时消毒；② 各种电极导线和指脉氧饱和度探头：擦洗清洁，乙醇擦拭消毒；③ 二氧化碳采气接头和温度探头：刷洗清洁，乙醇浸泡消毒 30 分钟，清洁保存；④ 潮气量传感器：冲洗清洁，乙醇或戊二醛浸泡消毒，吹干备用；⑤ 特殊传感器及部件：应按照产品说明

书的规定进行消毒。电子传感器不得拆卸消毒,不得有液体浸入电路。

30. TEE 探头如何进行清洁?

经食管超声心动图(transesophageal echocardiography,TEE)检查结束后,首先断开探头与设备的连接,去除探头保护套,在流动水下冲洗,然后应用含酶清洁剂或普通清洁剂浸泡探头镜身 5～10 分钟,使用流动水彻底冲洗或刷洗探头镜身以清除残留的清洁剂,用一次性干纱布擦干。操作部用一次性湿纱布擦拭后直接用一次性干纱布擦干。最后使用蒸馏水再冲洗一遍镜身,完毕后用一次性干纱布擦干探头顶端及管体。

31. TEE 探头如何进行消毒(灭菌)?

经食管超声心动图(transesophageal echocardiography,TEE)探头的顶端及管体部分需高水平消毒,常用高水平消毒(灭菌)剂有:① 邻苯二甲醛(OPA):浓度 0.55%(0.5～0.6%),时间:≥5 分钟;② 戊二醛(GA):浓度≥2%,浸泡时间≥10 分钟;③ 过氧乙酸(PAA):浓度 0.2%～0.35%,消毒时间≥5 分钟,灭菌时间≥10 分钟;④ 二氧化氯:浓度 100～500 mg/L,消毒时间 3～5 分钟。不适宜的消毒(灭菌)方式:高温、高压、紫外线、伽马射线、气体、蒸汽。

32. 纤维支气管镜的清洗、消毒和保养?

① 清洗:纤维支气管镜使用完毕后应立即清洗,洗涤时先将软管末端浸在含洗涤剂或含酶清洗剂的温水中(35℃左右),用纱布或者海绵擦洗镜体软管部和弯曲部,并反复注入气和水,使气管和水管出水处黏附的污物排出。② 消毒:采用 2%碱性戊乙醛灭菌,浸泡时间不少于 20 分钟。③ 保养:用 75%乙醇纱布擦拭消毒纤维镜头、软管操作部、各调节旋钮。用擦镜纸蘸少许硅蜡涂擦镜面、光缆部。将镜体悬挂于干燥的专用柜里,弯角固定钮置于"自由位"储存。

(蒋小娟)

参考文献

[1] 人民出版社.医疗器械监督管理条例[J].北京:人民出版社,2014.

［2］ 刘京林.医疗器械与电磁兼容性[J].中国医疗器械信息,2006,12(7)：8.
［3］ 朱永丽,夏慧琳,迟琳琳.浅谈医疗设备计量检定与质量检测[J].中国医疗设备,2015,30(11)：3.
［4］ 杨东,张应龙,林丛,等.触/漏电保护器[M].北京：化学工业出版社,2008.
［5］ 王浩,孙欣,段福建,等.中国经食道超声心动图探头清洗消毒指南[J].中国循环杂志,2020,35(5)：8.
［6］ 代静,李敏.纤支镜清洗消毒的规范化管理[J].中国社区医师：医学专业,2007,9(15)：2.